MATLAB® 7 für Ingenieure

Grundlagen und Programmierbeispiele

von
Prof. Dr. Frieder Grupp und
Dipl.-Inf. Florian Grupp

5., aktualisierte und korrigierte Auflage

Oldenbourg Verlag München

Prof. Dr. Frieder Grupp lehrt seit 1992 an der Fachhochschule Würzburg-Schweinfurt im Fachbereich Allgemeinwissenschaften Mathematik. Zuvor war er von 1988–1992 bei der DASA (heute EADS) in Ulm in der Entwicklung tätig.

Dipl.-Inf. Florian Grupp studierte an der Universität Würzburg Informatik und Mathematik mit den Schwerpunkten Numerik und Differentialgleichungen. Seit 2005 arbeitet er bei der Deutschen Bank in Frankfurt.

Bibliografische Information der Deutschen Nationalbibliothek

Die Deutsche Nationalbibliothek verzeichnet diese Publikation in der Deutschen Nationalbibliografie; detaillierte bibliografische Daten sind im Internet über <http://dnb.d-nb.de> abrufbar.

Rosenheimer Straße 145, D-81671 München
Telefon: (089) 45051-0
oldenbourg.de

Lektorat: Anton Schmid
Herstellung: Dr. Rolf Jäger
Coverentwurf: Kochan & Partner, München
Gedruckt auf säure- und chlorfreiem Papier
Druck: Grafik + Druck, München
Bindung: Thomas Buchbinderei GmbH, Augsburg

ISBN 978-3-486-58904-7

Vorwort

MATLAB[1] ist heutzutage ein sehr weit verbreitetes Softwaretool für praktische mathematische Anwendungen. In der Industrie gehört MATLAB zum Standard und vor allem für Ingenieure sind Kenntnisse in MATLAB für die Praxis fast unabdingbar. Dies zeigt sich auch daran, dass einführende Vorlesungen zum Thema MATLAB an Fachhochschulen sich einer großen Nachfrage erfreuen. Nicht zuletzt diese Tatsache bewog uns dazu, ein Buch zu diesem Thema zu schreiben, denn gerade der Einstieg in MATLAB fällt vielen Studenten schwer.

Im Buch wollen wir die ersten Schritte mit MATLAB sowie das Erstellen und Ausführen von MATLAB-Dateien ausführlich mit vielen Beispielen erläutern. Neueinsteiger werden somit langsam aber sicher mit MATLAB vertraut und erhalten Sicherheit in der Ausführung grundlegender Befehle.

Ein Indexverzeichnis mit MATLAB-Funktionen, eine tabellarische Zusammenfassung oft verwendeter MATLAB-Funktionen und viele Verweise innerhalb des Textes auf andere Abschnitte des Buches machen aber auch einen Quereinstieg für Benutzer möglich, die bereits erste Erfahrungen mit MATLAB gesammelt haben.

Dennoch soll das Buch eine Einführung in MATLAB sein. Auf die Verwendung von MATLAB-Toolboxes wurde daher gänzlich verzichtet, manche Themen werden nur am Rande erwähnt, andere ganz weggelassen, damit der Blick auf das Wesentliche nicht verloren geht. So sind Erläuterungen zu mathematischen Themen oft kurzgefasst. Der Leser möge hierzu ein Buch aus der Mathematik oder Ingenieursmathematik zu Rate ziehen. Eine Auswahl dazu findet man im Literaturverzeichnis.

In Kapitel 1 wird zunächst eine ausführliche Einführung in das Softwarepaket MATLAB gegeben. Leser mit Grundkenntnissen in MATLAB finden in Kapitel 2 weiterführende Themen sowie einige spezielle MATLAB-Features. Wer mehr am Programmieren interessiert ist, kann Kapitel 3 vorziehen. Nur an wenigen Stellen werden dort Teile aus Kapitel 1.4, Kapitel 1.5 und Kapitel 2 benötigt. Das Thema Kontrollstrukturen wurde ganz am Ende eingefügt. Kenner anderer Programmiersprachen können so MATLAB-Spezifisches nachschlagen. Wer wenig Vorkenntnisse aus anderen Programmiersprachen hat, findet dort zusammengefasst eine Einführung.

---

[1] MATLAB® is a registered trademark of The MathWorks, Inc.

Das Buch ist in LaTeX geschrieben. Die Bilder wurden mit MATLAB erstellt, ins eps-Format gewandelt und eingebunden.

Das Buch wurde mehrfach Korrektur gelesen, Befehle und Programme wiederholt überprüft. Trotzdem lassen sich Fehler nicht gänzlich vermeiden. Für Hinweise jeglicher Art sind wir dankbar, etwa via E-mail an *fgrupp@fh-sw.de*.

Unser Dank gilt dem Oldenbourg Verlag, der uns stets mit Rat und Tat unterstützte.

Schließlich danken wir unserer Familie, die immer viel Verständnis für unsere Arbeit am Buch hatte.

Bergrheinfeld, im Februar 2003 Florian Grupp, Frieder Grupp

Vorwort zur 5. Auflage

Wir haben uns bekannte Fehler aus den ersten vier Auflagen beseitigt und danken auf diesem Wege allen Lesern, die uns Fehler mitgeteilt haben.

Die erste Auflage des Buches basierte auf der MATLAB Version 6 (MATLAB R12), die zweite Auflage auf der Version 6.5 (MATLAB R13), die dritte und vierte Auflage auf der Version 7 (MATLAB R14) und diese fünfte Auflage auf der Version 7.6 (MATLAB R2008A).

Größere Änderungen im Buch betreffen vorwiegend Abschnitte, in denen die neue MATLAB-Oberfläche oder Fenster beschrieben werden.

Unser Dank gilt MathWorks, die uns wiederum freundlicherweise vorab diese Software zur Verfügung gestellt haben. So war es möglich, zeitgerecht eine Neuauflage zu gestalten.

Eschborn, im Juli 2008 Florian Grupp,

Bergrheinfeld, im Juli 2008 Frieder Grupp

Inhaltsverzeichnis

1 Grundlagen **1**

1.1 Erste Schritte ... 1
1.1.1 MATLAB starten ... 1
1.1.2 Beschreibung der MATLAB-Oberfläche ... 1
1.1.3 Ändern der Fenster ... 3
1.1.4 Beschreibung der Fenster anhand eines Beispiels ... 3
1.1.5 Hilfe ... 4

1.2 Der Direkte Modus ... 6
1.2.1 Der Strichpunkt ... 7
1.2.2 Elementare Funktionen ... 7
1.2.3 Der `diary`-Befehl ... 8
1.2.4 Die Befehle `save` und `load` ... 9

1.3 Matrizen ... 10
1.3.1 Matrizen eingeben und ändern ... 10
1.3.2 Einfache Befehle für Matrizen ... 12
1.3.3 Rechnen mit Matrizen ... 13
1.3.4 Punktoperationen ... 15
1.3.5 Vektoren ... 16

1.4 Komplexe Zahlen ... 18
1.4.1 Darstellungen komplexer Zahlen ... 18
1.4.2 Rechnen mit komplexen Zahlen ... 19
1.4.3 Zur Verwendung von i und j ... 19

1.5 Zahlenformate ... 21

2 MATLAB für Fortgeschrittene **23**

2.1 Wirkungsweise elementarer Funktionen ... 23
2.1.1 Skalare Funktionen ... 23
2.1.2 Vektorfunktionen ... 24
2.1.3 Elementare Matrixfunktionen ... 26

2.2 Polynome in MATLAB ... 26
2.2.1 Grundrechenarten für Polynome ... 26
2.2.2 Weitere MATLAB-Funktionen für Polynome ... 28

2.3 Interpolation und Regression ... 30
2.3.1 Polynominterpolation ... 30

2.3.2 Splines 32
2.3.3 Regression 33

2.4 Lineare Gleichungssysteme 36
2.4.1 Lösbarkeit linearer Gleichungssysteme 36
2.4.2 Eindeutig lösbare lineare Gleichungssysteme 36
2.4.3 Nicht eindeutig lösbare lineare Gleichungssysteme 37
2.4.4 Unlösbare lineare Gleichungssysteme 37

2.5 Eigenwerte und Eigenvektoren 37

2.6 Rundungsfehler 39
2.6.1 Rundungsfehler bei Grundrechenarten 39
2.6.2 Rundungsfehler bei elementaren Funktionen 40
2.6.3 Rundungsfehler bei Iterationen 42
2.6.4 Rundungsfehler bei Matrizen und linearen Gleichungssystemen 43

3 Programmieren in Matlab 47

3.1 Script Files 47
3.1.1 Script Files erstellen 47
3.1.2 Graphen mit Script Files erzeugen 49
3.1.3 Spezielle Graphen 51
3.1.4 Graphisch differenzieren und integrieren 61
3.1.5 Lineare Gleichungssysteme 62

3.2 Function Files 63
3.2.1 Function Files erstellen 64
3.2.2 Funktionen als Parameter 68
3.2.3 Fourierreihen 72
3.2.4 Numerische Lösung von Differentialgleichungen 74

3.3 Kontrollstrukturen 80
3.3.1 Konditionale Verzweigungen 80
3.3.2 Schleifen 83

4 Zusammenfassung 85

Bibliography 91

Index 93

1 Grundlagen

1.1 Erste Schritte

Die folgende Beschreibung bezieht sich auf MATLAB R2008A (Version 7.6).

1.1.1 MATLAB starten

MATLAB wird unter Microsoft Windows[1] mit einem Doppelklick auf das MATLAB-Symbol gestartet. Dieses Symbol wird bei der Installation von MATLAB automatisch auf der Benutzeroberfläche angelegt. Wer mit MATLAB in einer Netzwerkumgebung arbeiten will, sollte sich zunächst an das zuständige Rechenzentrum wenden.

Am Ende der Startprozedur erscheint die voreingestellte MATLAB-Oberfläche, sofern der Benutzer in früheren Sitzungen nicht eine andere Oberfläche abgespeichert hat. Diese voreingestellte Oberfläche kann auch durch

Desktop ⟶ *Desktop Layout* ⟶ *Default*

hergestellt werden. (*Desktop* ist ein Stichwort der ersten Menüzeile unterhalb der blauen MATLAB-Überschrift.)

1.1.2 Beschreibung der MATLAB-Oberfläche

Die voreingestellte MATLAB-Oberfläche hat unterhalb der blau unterlegten Zeile mit dem Titel MATLAB 7.6.0 (R2008A) zwei Menüzeilen (die erste Zeile beginnt mit dem Wort *File*, die zweite mit einem weißen Blatt) und enthält weitere Fenster, die nachfolgend beschrieben werden.

Im rechten Fenster ist die Kopfzeile Command Window blau unterlegt. Dies zeigt an, dass das Command Window aktiviert ist.

Die linke Seite der Oberfläche ist horizontal geteilt. Sie wurde gegenüber der Oberfläche aus Version 6 geringfügig – gegenüber den folgenden Versionen kaum – geändert und enthält die Fenster Current Directory/Workspace (oben) sowie Command History (unten).

Durch Anklicken kann man diese Fenster aktivieren. Das obere Fenster ist doppelt belegt. Am oberen Rand des Current Directory/Workspace-Fensters kann man entweder das Current Directory-Fenster oder das Workspace-Fenster durch Anklicken aktivieren.

---

[1] Für andere Systeme ziehe man das Handbuch zu Rate.

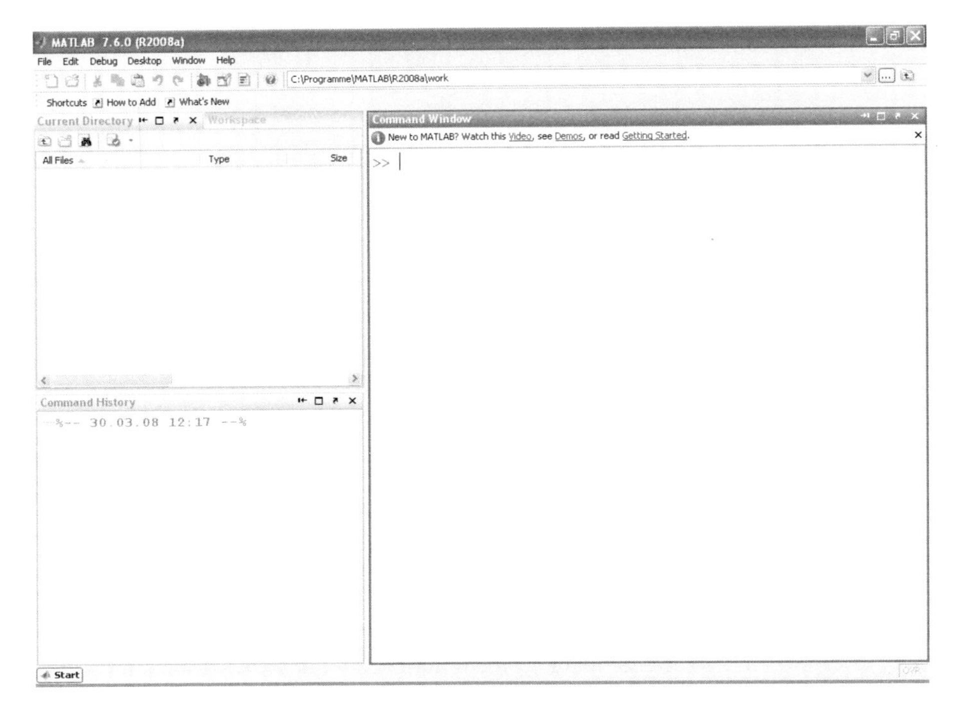

Abb. 1.1: *Die voreingestellte* MATLAB-*Oberfläche*

Das untere Fenster ist nicht mehr doppelt belegt wie noch in Version 6.

Insgesamt stehen also zunächst die folgenden Fenster zur Verfügung

- Command Window
- Command History
- Workspace
- Current Directory

Die Funktionen, die sich in Version 6 über das Launch Pad-Fenster aktivieren ließen, bekommt man nun über den (MATLAB)-Start-Knopf links unten.

Die nachfolgenden Beschreibungen beziehen sich stets auf die voreingestellte MATLAB-Oberfläche.

1.1.3 Ändern der Fenster

Geht man mit der Maus auf die Trennlinien zwischen den Fenstern, so kann man die Breite/Höhe der Fenster verstellen.

Durch Klicken auf das geschwungene Pfeilsymbol in der Kopfzeile eines Fensters, etwa dem des Command Window (Undock Command Window), kann man dieses Fenster aus dem Rahmen aller Fenster herausnehmen und in die gewünschte Form bringen. Dieser Vorgang kann rückgängig gemacht werden durch Klicken auf das geschwungene Pfeilsymbol (Dock Command Window).

Natürlich kann man Fenster auch schließen (Kreuz anklicken).

Auf die voreingestellte MATLAB-Oberfläche kommt man mit

Desktop ⟶ *Desktop Layout* ⟶ *Default*

zurück. *Desktop* ist ein Stichwort der ersten Menüzeile.

Vorsicht:
Nicht das (rote) Kreuz rechts oben in der Kopfzeile des MATLAB-Fensters anklicken, sonst wird MATLAB beendet!

1.1.4 Beschreibung der Fenster anhand eines Beispiels

Die folgende Beschreibung basiert auf der voreingestellten MATLAB-Oberfläche.

- Command Window

  Ist die Überschrift Command Window nicht blau unterlegt, so sollte dieses Fenster zunächst durch Mausklick aktiviert werden. Der blinkende Strich hinter dem MATLAB-Prompt – das ist das Zeichen ≫ – zeigt, dass nun Eingaben gemacht werden können. Wir testen mit

  ```
  >> 1 + 2
  ```

  d.h. wir geben nach dem MATLAB-Prompt die Zeichensequenz 1+2 ein und schließen die Eingabe mit `return` ab.

  MATLAB antwortet mit

  ```
  ans =
       3
  >>
  ```

  Das Ergebnis 3 der 2. Zeile wird der Variablen `ans` (Abkürzung für answer) der 1. Zeile zugewiesen und der MATLAB-Prompt der 3. Zeile (mit blinkendem Strich) zeigt an, dass weitere Eingaben nun möglich sind. Während dieser Rechnung haben sich Inhalte anderer Fenster geändert.

- Workspace

  Aktiviert man nach obiger Rechnung das Workspace-Fenster, so ist dieses Fenster jetzt nicht mehr leer. Die verwendete Variable `ans` und einige ihrer Eigenschaften werden angezeigt. Alle im Verlauf der Sitzung verwendeten Variablen erscheinen ebenfalls im Workspace-Fenster.

- Command History

  Die Eingabe 1+2 im Command Window und alle im Command Window folgenden Eingaben werden auch ins Command History geschrieben.

  Klickt man mit der rechten Maustaste auf 1+2 im Command History, wählt die Option *Copy*, geht ins Command Window hinter den MATLAB-Prompt, drückt die rechte Maustaste und wählt die Option *Paste*, so kann man den Befehl ins Command Window zurückholen und editieren (siehe unten, Command Window). Einfacher holt man den letzten Befehl im aktivierten Command Window mit der Pfeil-nach-oben-Taste zurück.

- Command Window

  Nun soll die Zeile 1+2 geändert werden. Es soll $1 + 3 + 5$ berechnet werden und der Variablen x zugewiesen werden. (Würde man keine Zuweisung an eine neue Variable machen, so würde das alte Ergebnis 3 von `ans` mit dem neuen Wert überschrieben.)

  Man editiert etwa die Zeile 1+2 mit Hilfe der Tasten Pfeil-nach-links, Pfeil-nach-rechts und Entfernen oder gibt den folgenden Befehl neu ein.

  ```
  ≫ x = 1 + 3 + 5
  ```

  wird mit `return` abgeschlossen und MATLAB antwortet mit

  ```
  x =
    9
  ≫
  ```

Das Fenster Current Directory bleibt zunächst unverändert. Es bietet sich daher an, die Fenster Command Window, Command History und Workspace bei einfachen Anwendungen in der voreingestellten Oberfläche zu haben.

1.1.5 Hilfe

Ausgehend von der voreingestellten MATLAB-Oberfläche gibt es mehrere Möglichkeiten, Hilfe zu bekommen. Erwähnt seien

1. die Help-Option in der ersten Menüzeile,
2. die direkte Hilfe,
3. das blaue Fragezeichen.

Zu den beiden letzten Hilfestellungen machen wir ein Beispiel.

Direkte Hilfe:
Im aktivierten Command Window setzen wir den Befehl

```
≫ help sin
```

ab, um Hilfe zur Funktion Sinus zu bekommen. MATLAB antwortet mit

```
SIN  Sine of argument in radians.
     SIN(X) is the sine of the elements of X.
```

Die Hilfe ist etwas spärlich, zumal nicht gesagt wird, was X ist. Weitere Hilfe bekommt man mit einem Klick auf den weiter unten stehenden blauen Querverweis `doc sin`.

Hilfe mit dem blauen Fragezeichen:
Auf der voreingestellten MATLAB-Oberfläche muss zunächst das blaue Fragezeichen (letztes Symbol in der zweiten Menüzeile) angeklickt werden. Es wird ein neues Fenster geöffnet mit dem Namen Help (blau unterlegt).

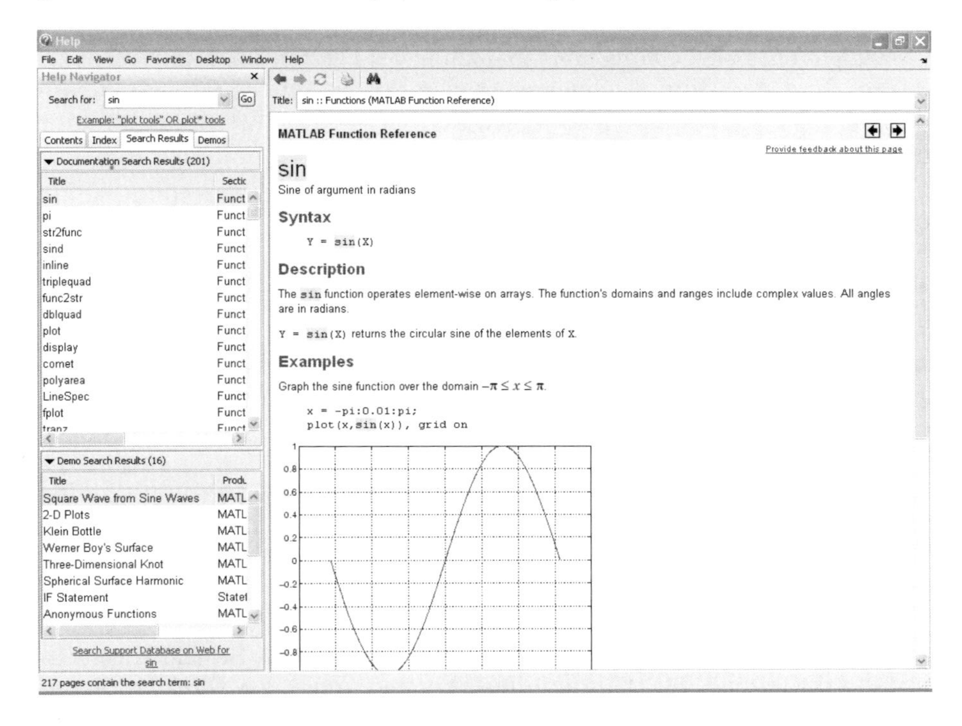

Abb. 1.2: Hilfe mit dem blauen Fragezeichen

Trägt man im Feld *Search For* (oben links im Hilfefenster) `sin` ein und aktiviert die Suche mit *Go*, so erhält man im linken Teil des Fensters eine sehr umfangreiche Tabelle mit Stichworten, hinter denen sich die Funktion `sin` verbirgt. Im rechten Teil des Fensters wird eine umfangreiche Hilfe für `sin` gegeben, wobei die Zeichenkette `sin` stets gelb unterlegt wird. Klickt man auf ein Stichwort oder einen Befehl der linken Tabelle, etwa `sind`, so bekommt man im rechten Teil des Fensters Hilfe zu diesem Befehl. Diese enthält dann wieder (gelb unterlegt) `sin`.

Man kann die Hilfe zu `sin` etwa wie folgt verwenden. Im Abschnitt Examples des rechten Hilfefensters

1. mit der linken Maustaste die beiden Zeilen $x = -pi : \ldots grid\ on$ anklicken und die Maus etwas bewegen (die Zeilen werden nun blau unterlegt),
2. in der ersten Menüzeile des Help-Fensters mit der Maus die Option *Edit→Copy* aktivieren,
3. das MATLAB-Fenster aktivieren (mit Klick auf das MATLAB-Symbol der Fußleiste),
4. hinter dem MATLAB-Prompt (jetzt im MATLAB-Fenster) mit *Edit→Paste* die (ursprünglich im Help-Fenster stehenden) Zeilen $x = -pi : \ldots grid\ on$ einfügen und
5. mit [return] bestätigen.

Es werden die kopierten Befehle ausgeführt und ein neues Fenster mit dem Namen Figure 1 geht auf. In diesem wird der Sinus über eine Periode hinweg skizziert. Dieses Bild kann weiterverarbeitet werden, worauf wir dann an anderer Stelle eingehen (⟶ Kapitel 3).

Bemerkungen

- Die vielen Fenster mögen am Anfang etwas verwirrend sein. Mit der Zeit findet man diese aber eher hilfreich.
- Die Hilfe über das Fragezeichen ist zunächst viel umfangreicher als die direkte Hilfe. Durch Klick auf den `doc`-Querverweis in der direkten Hilfe bekommt man aber auch eine ausführliche Hilfe.

Auf weitere Einzelheiten der voreingestellten MATLAB-Oberfläche gehen wir später ein.

1.2 Der Direkte Modus

Schon in Kapitel 1.1 haben wir direkt hinter dem MATLAB-Prompt Befehle abgesetzt. Man nennt das Arbeiten mit MATLAB auf diese Art und Weise den Direkten Modus oder auch den Taschenrechner-Modus, da man ähnlich wie mit einem Taschenrechner arbeitet. Wir wollen noch ein paar Dinge in diesem Modus ausprobieren.

1.2.1 Der Strichpunkt

Wir testen (Strichpunkt am Ende des Befehls nicht vergessen!)

```
≫ x = 1 + 2;
```

d.h. wir geben nach dem MATLAB-Prompt die Zeichensequenz $x = 1 + 2;$ ein und schließen die Eingabe mit return ab. MATLAB berechnet intern $x = 3$. Der Strichpunkt unterdrückt die Ausgabe. Setzen wir nun den Befehl

```
≫ x
```

ab, so wird das Ergebnis am Bildschirm

```
x =
  3
≫
```

ausgegeben.

Den Sinn einer Ausgabenunterdrückung mag man an folgendem Befehl erkennen, den wir später erläutern (⟶ Kapitel 1.3.5).

```
≫ x = 0 : 0.001 : 100
```

Der nun ablaufende Film kann mit der Sequenz Strg C angehalten werden.

1.2.2 Elementare Funktionen

Die wichtigsten elementaren Funktionen erhält man aufgelistet mit

```
≫ help elfun
```

Es sei darauf verwiesen, dass man über die Hilfe mit dem Fragezeichen (⟶ Kapitel 1.1.5) ausführliche Informationen zu diesen Funktionen bekommt. Man achte darauf, dass (ab Version 14) die trigonometrischen Funktionen sowohl mit dem Argument im Bogenmaß (etwa `sin`) als auch mit dem Argument im Gradmaß (etwa `sind`) zur Verfügung stehen. Wichtige Unterschiede zu den Bezeichnungen der Mathematik sind zusammengefasst in nachstehender Tabelle.

Funktion	Mathematik	MATLAB
Arcustangens	$arctan(x)$	`atan(x)`
Exponentialfunktion	e^x	`exp(x)`
Logarithmus naturalis	$ln(x)$	`log(x)`
Logarithmus (Basis 10)	$log_{10}(x)$	`log10(x)`
Logarithmus (Basis 2)	$log_2(x)$	`log2(x)`

Alle Arcusfunktionen haben in MATLAB nur den Buchstaben a vor der trigonometrischen Funktion (in der Mathematik *arc*). Die elementaren MATLAB-Funktionen haben die Syntax

NameDerAusgabe=MatlabFunktionsname(Eingabewert)

So berechnet man etwa die Euler'sche Zahl e mit `x=exp(1)`. Lässt man den Namen der Ausgabe (und das Gleichheitszeichen) weg, so wird das Ergebnis der Variablen `ans` zugewiesen. Die Eingabe `e∧1` führt zu einer Fehlermeldung in MATLAB!

Wenn man den Namen einer MATLAB-Funktion sucht, den Namen aber nicht genau kennt, ist der Befehl `lookfor` *Zeichenkette* hilfreich. So sucht

```
≫ lookfor inverse
```

alle MATLAB-Funktionen, in deren Beschreibung die Zeichenkette *inverse* vorkommt. Die Art der Suche wird genauer in Kapitel 3.2.1 beschrieben. Die Suche kann dann mit Strg C abgebrochen werden.

1.2.3 Der diary-Befehl

Manchmal kann es sinnvoll sein, eine MATLAB-Sitzung zu protokollieren. Hierzu ist der `diary`-Befehl hilfreich. Man wählt zunächst ein Verzeichnis, in dem man die diary-Datei abspeichern will. Das geschieht wie folgt in MATLAB:

Auf der voreingestellten MATLAB-Oberfläche gibt es über dem Command Window neben dem blauen Fragezeichen ein weißes Feld, das durch einen Klick auf den blauen Pfeil am rechten Rand des Feldes aufgerollt werden kann. Dort kann das gewünschte Verzeichnis ausgewählt werden. Alternativ dazu kann man im Fenster Current Directory browsen. Den aktuellen Pfad findet man blau unterlegt neben der Überschrift Current Directory.

Wenn das Verzeichnis korrekt eingerichtet ist, gibt man im Command Window den Befehl

```
≫ diary Dateiname.m
```

ein,[2] wobei *Dateiname* ein beliebiger zulässiger Bezeichner ist.[3] Es wird eine Datei angelegt mit Namen `Dateiname.m`. Die nun folgenden MATLAB-Kommandos mit Ergebnissen werden in diese diary-Datei geschrieben. Wir testen mit

```
≫ x = 1 + 2
```

[2] Die Erweiterung *.m* ist die Standard-Erweiterung in MATLAB.

[3] Zulässige Bezeichner orientieren sich an der Programmiersprache C. Wählen Sie keinen Namen, der in MATLAB bereits vergeben ist! Empfehlenswert sind Bezeichner in deutscher Sprache ohne Umlaute. Mit dem Befehl `isvarname` gefolgt vom gewünschten Bezeichner kann man testen, ob der Bezeichner in MATLAB zulässig ist. `ans=1` heisst, dass der Bezeichner zulässig ist.

erhalten die Ausgabe

```
x =
  3
≫
```

und schließen die diary-Datei mit

```
≫ diary off
```

(Alle Befehle müssen mit [return] bestätigt werden.) Nun ist eine diary-Datei angelegt. Man findet sie im Fenster Current Directory (links oben). Die Datei wird mit einem Doppelklick geöffnet und kann nun editiert werden (Leerzeilen herausnehmen, Kommentare hinzufügen, ...).

1.2.4 Die Befehle `save` und `load`

Hat man Variablen verwendet, sagen wir x und y, so kann man diese vor Beendigung einer Sitzung speichern.[4] Will man etwa $x = 1$ und $y = 2$ in einer Datei mit Namen `LohntNicht.mat` speichern, so kann man dies mit

```
≫ x = 1; y = 2;
≫ save LohntNicht.mat x y
```

machen. Nun können die Variablen gelöscht werden mit

```
≫ clear x y
```

(Dies erspart an dieser Stelle das Beenden der MATLAB-Sitzung.) Gibt man nun

```
≫ x
```

ein, so antwortet MATLAB mit der Fehlermeldung

```
??? Undefined function or variable 'x'
```

Nun werden die Variablen zurückgeholt mit

```
≫ load LohntNicht.mat
```

und man sieht, dass nun x und y wieder zur Verfügung stehen.

Ergebnisse können in verschiedenen Formaten gespeichert werden. Man beachte hierzu die Hilfe.

[4]Dies bietet sich insbesondere dann an, wenn man zur Berechnung von x und y viel Rechenzeit benötigt hat.

1.3 Matrizen

Der wichtigste Datentyp in MATLAB ist eine Matrix. (MATLAB steht als Abkürzung für MATrix LABoratory.)

1.3.1 Matrizen eingeben und ändern

Matrizen haben einen Bezeichner (oft Großbuchstaben). Matrixelemente werden in eckigen Klammern zeilenweise eingegeben. Sie werden durch Leerzeichen oder Komma getrennt, das Zeilenende wird mit einem Strichpunkt abgeschlossen. So erhält man auf die Eingabe

```
>> A = [1 2 3; 4, 5, 6]
```

die Antwort

```
A =
    1 2 3
    4 5 6
```

Das Matrixelement der 2. Zeile und 3. Spalte kann der Variablen x wie folgt zugewiesen werden[5]

```
>> x = A(2, 3)
```

MATLAB antwortet mit

```
x =
    6
```

Das Matrixelement der 1. Zeile und 2. Spalte kann mit 0 überschrieben werden durch[6]

```
>> A(1, 2) = 0;
```

Man prüft dies leicht nach mit

```
>> A
```

und erhält die Antwort

```
A =
    1 0 3
    4 5 6
```

[5] Die Indizierung von Zeilen und Spalten in MATLAB beginnt mit 1.
[6] Der Strichpunkt am Ende des Befehls unterdrückt die Ausgabe ($\longrightarrow$ Kapitel 1.2.1).

Für die folgende Tabelle (Beispielspalte) sind die Matrix A und die folgende Matrix C zu Grunde gelegt.

$\gg$ `C = [0, 1; 2, 3];`

Weitere Operationen

Operation	Befehl	Beispiel	Ergebnis
Zeile r herausgreifen	`A(r,:)`	`A(1,:)`	$\begin{bmatrix} 1 & 0 & 3 \end{bmatrix}$
Spalte s herausgreifen	`A(:,s)`	`A(:,2)`	$\begin{bmatrix} 0 \\ 5 \end{bmatrix}$
C neben A	`[A,C]`	`[A,C]`	$\begin{bmatrix} 1 & 0 & 3 & 0 & 1 \\ 4 & 5 & 6 & 2 & 3 \end{bmatrix}$
1. Zeile von A unter A	`[A;A(1,:)]`	`[A;A(1,:)]`	$\begin{bmatrix} 1 & 0 & 3 \\ 4 & 5 & 6 \\ 1 & 0 & 3 \end{bmatrix}$

: ist die wildcard und kann gelesen werden als *alle*.

Spezielle Matrizen

Name der Matrix	Befehl	Beispiel	Ergebnis
Nullmatrix	`zeros(m,n)`	`zeros(2,4)`	$\begin{bmatrix} 0 & 0 & 0 & 0 \\ 0 & 0 & 0 & 0 \end{bmatrix}$
Einsmatrix	`ones(m,n)`	`ones(2,3)`	$\begin{bmatrix} 1 & 1 & 1 \\ 1 & 1 & 1 \end{bmatrix}$
Einheitsmatrix	`eye(n)`	`eye(2)`	$\begin{bmatrix} 1 & 0 \\ 0 & 1 \end{bmatrix}$
Zufallsmatrix	`B=rand(m,n)`	`B=rand(2,3)`	Matrix vom Typ (2,3) mit Zufallszahlen in [0,1]

1.3.2 Einfache Befehle für Matrizen

Transponieren einer (reellen) Matrix,[7] d.h. Zeilen werden zu Spalten und Spalten werden zu Zeilen, erfolgt mit dem Hochkomma. Ist etwa A die Matrix am Ende des letzten Abschnitts, so erhält man nach Eingabe von

```
>> B = A'
```

die Antwort

```
B =
     1 4
     0 5
     3 6
```

Den Typ einer Matrix kann man mit dem Befehl `size` bestimmen.[8] So liefert etwa

```
>> Typ = size(A)
```

die Antwort

```
Typ =
     2 3
```

Das Ergebnis `Typ` ist wiederum eine Matrix bestehend aus einer Zeile und zwei Spalten. Die Zeilenanzahl von A erhält man jetzt mit

```
>> ZAnz = Typ(1, 1)
```

Antwort:

```
ZAnz =
     2
```

Die Anzahl der Zeilen der Matrix A kann man auch direkt mit

```
size(A, 1);
```

bestimmen.

[7] Enthält die Matrix komplexe Zahlen, so werden beim Transponieren mit dem Hochkomma die konjugiert komplexen Zahlen in der transponierten Matrix verwendet. Die Zeichensequenz .' statt nur ' transponiert, ohne die konjugiert komplexen Zahlen zu nehmen.

[8] Den Typ einer Matrix kann man auch im Workspace ($\longrightarrow$ Kapitel 1.1.2) ablesen.

Weitere Befehle

Name des Befehls	Befehl	Beispiel	Ergebnis
Determinante	`det(C)`	`det(C)`	-2
Rang einer Matrix	`rank(A)`	`rank(A)`	2
Inverse einer Matrix	`inv(C)`	`inv(C)`	$\begin{bmatrix} -1.5 & 0.5 \\ 1 & 0 \end{bmatrix}$
Gauss-Algorithmus	`rref(A)`	`rref(A)`	$\begin{bmatrix} 1 & 0 & 3 \\ 0 & 1 & -1.2 \end{bmatrix}$

1.3.3 Rechnen mit Matrizen

Matrizen können addiert, miteinander multipliziert, potenziert und mit einem Skalar multipliziert werden. Bei der Addition müssen die Typen der beteiligten Matrizen übereinstimmen, bei der Multiplikation muss die Spaltenanzahl (also die Anzahl der Elemente pro Zeile) der ersten Matrix mit der Zeilenanzahl der zweiten Matrix übereinstimmen und beim Potenzieren mit einer natürlichen Zahl muss die Matrix quadratisch sein.

Sind A, B, C die Matrizen der letzten beiden Abschnitte und ist

```
>> D = [2, 1, 0; 1, 0, 2];
```

eine weitere Matrix, so liefert

```
>> addAD = A + D
```

das Ergebnis

```
addAD =
    3 1 3
    5 5 8
```

und

```
>> multDB = D * B
```

liefert das Ergebnis

```
multDB =
    2 13
    7 16
```

Hingegen bringt

```
≫ addAC = A + C
```

die Fehlermeldung

```
??? Error using ⟹ plus
Matrix dimensions must agree.
```

(A und C sind nicht vom gleichen Typ). Ebenso bringt

```
≫ multAD = A * D
```

eine Fehlermeldung nämlich

```
??? Error using ⟹ mtimes
Inner matrix dimensions must agree.
```

(Spaltenanzahl von A ungleich Zeilenanzahl von D). Schließlich liefert

```
≫ CQuadrat = C ∧ 2
```

das Ergebnis

```
CQuadrat =
    2  3
    6 11
```

und

```
≫ Amal2 = 2 * A
```

bringt das Ergebnis[9]

```
Amal2 =
    2  0  6
    8 10 12
```

Auf eine Besonderheit bei der Addition sei schließlich noch hingewiesen. Der Befehl

```
≫ Aplus2 = A + 2
```

[9] `2malA` ist kein zulässiger Bezeichner.

wird ausgeführt mit dem Ergebnis

```
Aplus2 =
    3 2 5
    6 7 8
```

obwohl die Matrix A vom Typ $(2,3)$ und die Zahl 2 (in MATLAB als Matrix vom Typ $(1,1)$ aufgefasst) vom Typ her eigentlich nicht addiert werden können. Intern wird die Matrix (2) aufgebläht zur Matrix $\begin{pmatrix} 2 & 2 & 2 \\ 2 & 2 & 2 \end{pmatrix}$ vom Typ $(2,3)$, die nun zu A addiert werden kann. Diese Anpassung des Typs wird immer dann vorgenommen, wenn eine Zahl zu einer Matrix addiert werden soll.

1.3.4 Punktoperationen

In vielen Anwendungen würde man sich wünschen, dass Matrizen komponentenweise multipliziert werden. (Bei der Addition wird komponentenweise addiert.) Dies ist möglich. Gibt man etwa

```
>> A = [1 2 3; 4, 5, 6]; D = [2, 1, 0; 1, 0, 2];
```

und dann

```
>> G = A.*D
```

so erhält man

```
G =
    2 2  0
    4 0 12
```

Lässt man den Punkt weg, erhält man eine Fehlermeldung (⟶ Kapitel 1.3.3).

Die Eingabe

```
>> C, CPunktQuadrat = C.∧2
```

(mit C aus Kapitel 1.3.1) wird von MATLAB mit

```
C =
    0 1
    2 3
CPunktQuadrat =
    0 1
    4 9
```

beantwortet. Es wird also komponentenweise quadriert. Man beachte die Bedeutung des Punktes und vergleiche mit dem Befehl `CQuadrat=C∧2` in Kapitel 1.3.3.

Für die komponentenweise Division gibt man ein

```
≫ H = 1./A
```

und erhält

```
H =
    1.0000  0.5000  0.3333
    0.2500  0.2000  0.1667
```

Es wird also von jedem Matrixelement das inverse Element genommen.

Man beachte, dass für eine quadratische Matrix (etwa die Matrix `CQuadrat` aus Kapitel 1.3.3) `inv(CQuadrat)` die zu `CQuadrat` inverse Matrix ist, `1./CQuadrat` diejenige Matrix ist, die aus `CQuadrat` durch elementeweise Inversenbildung entsteht und `1/CQuadrat` in MATLAB nicht definiert ist.

Entwickelt man MATLAB-Programme, so prüfe man bei der Verwendung von $*$, / oder $\wedge$ stets, ob dem jeweiligen Zeichen ein Punkt vorangestellt werden muss.

1.3.5 Vektoren

Vektoren sind spezielle Matrizen. So ist ein Zeilenvektor mit drei Elementen eine Matrix vom Typ (1,3) und ein Spaltenvektor mit drei Elementen eine Matrix vom Typ (3,1).[10] Die Eingabe

```
≫ ZeilenV = [1, 3, 3]
```

erzeugt

```
ZeilenV =
    1 3 3
```

und die Eingabe

```
≫ SpaltenV = [3; 2; 0]
```

liefert

```
SpaltenV =
    3
    2
    0
```

[10] MATLAB unterscheidet streng zwischen Zeilen- und Spaltenvektoren. Rechenregeln für Matrizen beachten.

Das Skalarprodukt kann berechnet werden mit

```
≫ SkalProd = ZeilenV * SpaltenV
```

Man erhält

```
SkalProd =
     9
```

wohingegen

```
≫ Matrix33 = SpaltenV * ZeilenV;
```

eine Matrix vom Typ (3,3) ist (Rechenregeln für die Matrizenmultiplikation beachten). Ein Spaltenvektor oder Zeilenvektor kann nicht quadriert werden (⟶ Kapitel 1.3.3).

Die Länge eines Vektors kann man mit

```
≫ LaengeZV = sqrt(ZeilenV * ZeilenV');
```

berechnen (Hochkomma beachten).[11]

Hilfreich (insbesondere für Graphiken) sind Vektoren mit vielen (äquidistant verteilten) Elementen. Ein solcher (Zeilen-)Vektor wird erzeugt mit der Befehlsstruktur

≫ *Bezeichner* = *Startwert* : *Schrittweite* : *Endwert*;

So erzeugt

```
≫ x = 0 : 0.01 : 5;
```

einen Vektor `x` mit den 501 Elementen 0, 0.01, 0.02, 0.03, ..., 4.99, 5. Wird der Strichpunkt vergessen, so kann der nun ablaufende Zahlenfilm mit der Sequenz Strg C angehalten werden. Mit

```
≫ y = x. ∧ 2;
```

(Punkt nicht vergessen) quadriert man den Vektor `x` komponentenweise (⟶ Kapitel 1.3.4) und erzeugt so einen Vektor `y` (ebenfalls mit 501 Elementen). Schließlich kann mit

```
≫ plot(x, y)
```

die Normalparabel im Intervall [0,5] in einem extra Fenster mit Namen Figure 1 skizziert werden. Der `plot`-Befehl wird in Kapitel 3.1.2 erläutert.

[11] Einfacher ist `norm(ZeilenV)`.

1.4 Komplexe Zahlen

1.4.1 Darstellungen komplexer Zahlen

Die imaginäre Einheit $\sqrt{-1}$ ist in MATLAB vordefiniert. Es kann sowohl i als auch j als Bezeichner für die imaginäre Einheit verwendet werden. So hat

```
>> z1 = 1 + 2 * j
```

als Ausgabe

```
z1 =
      1.0000 + 2.0000i
```

und

```
>> z2 = -2 - 3i
```

hat als Ausgabe

```
z2 =
     -2.0000 - 3.0000i
```

In der Ausgabe wird stets i als imaginäre Einheit geschrieben. Man beachte, dass das Zeichen $*$ vor der imaginären Einheit weggelassen werden darf.

Realteil `Rt` und Imaginärteil `It` von $z1$ berechnet man mit

```
>> Rt = real(z1); It = imag(z1);
```

`real` und `imag` müssen klein geschrieben werden.

Betrag `Bet` und Phase `phi` der komplexen Zahl $z1$ lassen sich leicht berechnen mit

```
>> Bet = abs(z1); phi = angle(z1);
```

Die MATLAB-Funktion `angle` erfasst Winkel in allen vier Quadranten. Alternativ kann der Winkel auch mit der Funktion `atan2`,

```
>> phi = atan2(It, Rt);
```

berechnet werden, die ebenfalls Winkel in allen vier Quadranten erfasst. Ungeeignet ist die Funktion `atan`, da sie nur Winkel im ersten und vierten Quadranten korrekt berechnet. (Der Leser möge die drei Befehle `angle(z2)`, `atan2(imag(z2),real(z2))` und `atan(imag(z2)/real(z2))` testen. Die beiden erstgenannten Befehle liefern das richtige Ergebnis, der Befehl `atan(imag(z2)/real(z2))` nicht.)

Aus Betrag `Bet` und Winkel `phi` kann mit der Darstellung komplexer Zahlen in Exponentialform die komplexe Zahl $z1$ wieder in der algebraischen Form berechnet werden

```
>> z1neu = Bet * exp(j * phi);
```

Man beachte, dass die Exponentialfunktion `exp(j*phi)` in MATLAB nicht in der Form `e^(j*phi)` geschrieben werden darf (⟶ Kapitel 1.2.2).

Die konjugiert komplexe Zahl zu $z1$ wird berechnet mit [12]

```
>> z1konjugiert = conj(z1);
```

Eine Zusammenfassung oft verwendeter Funktionen im Komplexen findet man in Kapitel 4.

1.4.2 Rechnen mit komplexen Zahlen

Die Operanden für die Grundrechenarten sind $+$, $-$, $*$, $/$. Es spielt dabei keine Rolle, ob komplexe Zahlen in der algebraischen Form (`z=x+jy`) oder in der exponentiellen Form (`|z|*exp(j*phi)`) eingegeben werden. Beispiel (mit den Zahlen aus Kapitel 1.4.1)

```
>> z = z1/z2;
```

Die Ausgabe einer komplexen Zahl erfolgt stets in der algebraischen Darstellung.

Die geometrische Addition komplexer Zahlen (Zeigerdiagramme) behandeln wir in Kapitel 3.1.3.

1.4.3 Zur Verwendung von i und j

Wie oben erwähnt, sind die Buchstaben i und j vordefiniert. Dies ist zwar bequem, kann aber einen unangenehmen Nebeneffekt nach sich ziehen. Mitunter ist man geneigt, insbesondere in Schleifen (⟶ Kapitel 3.3.2) i als Laufvariable zu verwenden. So liefert

```
>> for i = 1 : 5, i ^ 2; end;
>> i
```

die Antwort

```
i =
    5
```

Gibt man nun ein

```
>> a = 3 + 2 * i
```

[12] Alternative: `z1konj=z1'`

so erhält man

```
a =
    13
```

und nicht, wie vielleicht erhofft, die komplexe Zahl $a = 3 + 2i$.

Abhilfe scheint die oft empfohlene Schreibweise ohne das Zeichen $*$ zu bringen

```
≫ b = 3 + 2i
```

mit der Ausgabe

```
b =
  3.0000 + 2.0000i
```

Jedoch ist dies trügerisch. Die Eingabe

```
≫ z3 = 3 + 2j;
≫ z4 = z3 + i
```

liefert

```
z4 =
  8.0000 + 2.0000i
```

und nicht, wie vielleicht erhofft, $z4 = 3 + 3i$.

Wie kann man diesen Nebeneffekt vermeiden?

Man kann sich, bevor man komplexe Zahlen verwendet, davon überzeugen, welche Werte i und j haben, etwa mit

```
≫ ihh = i, jot = j
```

Antwort:

```
ihh =
    5
jot =
    0 + 1.0000 i
```

Einfacher ist es mit

```
≫ clear i j
≫ i, j
```

den Anfangszustand

```
ans =
  0 + 1.0000i
ans =
  0 + 1.0000i
```

herzustellen. Man beachte dabei, dass sich die imaginäre Einheit nicht löschen lässt.

Noch besser ist es natürlich, im Direkten Modus und in script files (⟶ Kapitel 3.1) die Variablen i und j nicht zu verwenden, um diesen unangenehmen Nebeneffekt zu vermeiden. In function files (⟶ Kapitel 3.2) sind Variable lokal. Der oben beschriebene Effekt kann dort nur innerhalb des function files auftreten, die imaginäre Einheit außerhalb des function files wird nicht tangiert.

1.5 Zahlenformate

Ergebnisse im Command Window werden typischerweise mit vier Nachkommastellen ausgegeben. Tatsächlich rechnet MATLAB intern auf mehr Stellen. Es gibt verschiedene Ausgabeformate in MATLAB.

Auf der voreingestellten MATLAB-Oberfläche wähle man

File → Preferences

und im dann sich öffnenden Fenster *Preferences* die Option *Command Window*. Im Feld *Text display* kann man dann unter *Numeric format* oder *Numeric display* einen Rollladen öffnen, ein Format anklicken und mit dem Knopf *OK* bestätigen.

Alternativ kann man im Command Window etwa die Eingabe

```
≫ format long
```

absetzen und erhält etwa auf

```
≫ pi
```

die Antwort

```
ans =
      3.14159265358979
```

Das Standardformat ist

```
≫ format short
```

Hat man umfangreichere Ausgaben am Bildschirm oder erstellt ein diary, so kommen oft viele Leerzeilen vor. Diese kann man unterdrücken durch `format compact` (Rücksetzung mit `format loose`).

2 MATLAB für Fortgeschrittene

2.1 Wirkungsweise elementarer Funktionen

Die elementaren Funktionen (⟶ Kapitel 1.2.2) können nicht nur auf komplexe Zahlen angewendet werden, sondern auch auf Matrizen. MATLAB-Funktionen kann man dabei nach drei Wirkungsweisen unterscheiden. Welche Funktion zu welcher Kategorie gehört, lässt sich oft an den Eigenschaften der Funktion ablesen.

2.1.1 Skalare Funktionen

Ist A eine beliebige Matrix vom Typ (m, n) mit den Elementen a_{ik} und f eine skalare Funktion, so ist $f(A)$ diejenige Matrix, die man durch Anwendung der skalaren Funktion auf die Matrixelemente a_{ik} erhält; die Matrix $(f(a_{ik}))$ ist also vom Typ (m, n). So erhält man auf die Eingabe

```
≫ A = [0, pi, pi/2; −2.5 ∗ pi, pi/4, 2 ∗ pi];
≫ B = sin(A)
```

die Antwort

```
B =
          0   0.0000    1.0000
    −1.0000   0.7071  − 0.0000
```

Erwähnenswert ist hierbei, dass die Null einmal als 0, einmal als 0.0000 und einmal als −0.0000 ausgegeben wird (⟶ Kapitel 2.6).

Zu den skalaren Funktionen gehören alle elementaren Funktionen der Analysis wie die Potenz- und Wurzelfunktionen, die trigonometrischen Funktionen und ihre Umkehrfunktionen, die Exponentialfunktionen und die Logarithmen, die Funktionen zum Runden (`floor`, `ceil`, `fix`, `round`), die Funktionen `real`, `imag`, `abs` und `angle`, sowie alle Punktoperationen (⟶ Kapitel 1.3.4). Berechnet man etwa

```
≫ C = log(A)
```

so erhält man

```
C =
        -Inf          1.1447   0.4516
  2.0610 + 3.1416i  - 0.2416   1.8379
```

Die Version 7.6 ist die erste MATLAB-Version, in der nicht mehr die Meldung `Warning: log of zero` erscheint, die darauf hinweist, dass $log(0)$ nicht definiert ist. Das Ergebnis `-Inf` hat seinen Ursprung in $\lim_{x\to 0+} log(x) = -\infty$.

Mit `Inf` und `-Inf` kann weiter gerechnet werden, solange es sich nicht um unbestimmte Ausdrücke handelt. (Es ist `3*Inf=Inf`, jedoch ist `Inf/Inf` nicht bestimmt, und man bekommt in MATLAB die Antwort `NaN`, not a number.)

Der Logarithmus einer negativen Zahl kann gebildet werden. Es ist

$$log(-2.5\pi) = log(2.5\pi) + iarg(-2.5\pi) = 2.0610... + \pi i$$

Die skalaren Funktionen sind insbesondere hilfreich beim Erstellen von Graphen. So erzeugen (Strichpunkte nicht vergessen)

```
>> x = 0 : 0.01 : 2 * pi;
>> y = sin(x);
```

zwei Vektoren `x` und `y` mit derselben Anzahl von Elementen. Dies macht es sehr bequem mit

```
>> plot(x, y)
```

den Graph des Sinus im Intervall $[0, 2\pi]$ zu zeichnen[1].

2.1.2 Vektorfunktionen

Der Sachverhalt soll zunächst anhand eines Beispiels erläutert werden. Die Eingabe von

```
>> A = [1, 2, 3; 0, -4, -1]
```

beantwortet MATLAB mit

```
A =
     1     2     3
     0   - 4   - 1
```

[1] Der `plot`-Befehl ist in Kapitel 3.1.2 erläutert.

und

$\gg$ `B = sum(A)`

beantwortet MATLAB mit

```
B =
        1   -2   2
```

Es wird nicht die Summe aller Matrixelemente berechnet, sondern die Summe wird spaltenweise berechnet, das Ergebnis in `B` ist also ein Zeilenvektor.

Will man zeilenweise die Summen bilden, so muss die Matrix zunächst transponiert werden.

$\gg$ `C = sum(A')`

beantwortet MATLAB mit

```
C =
        6   -5
```

Das Ergebnis ist also stets ein Zeilenvektor.

Etwas anders verhalten sich Vektorfunktionen, wenn man sie auf Vektoren anwendet. Die Eingabe von

$\gg$ `v = [1,2,3];`
$\gg$ `s1 = sum(v), s2 = sum(v')`

beantwortet MATLAB mit

```
s1 =
        6
s2 =
        6
```

Bei der Anwendung von `sum` auf einen Vektor ist das Ergebnis also stets eine Zahl, gleichgültig, ob es sich um einen Zeilen- oder Spaltenvektor handelt (Zeilenvektoren werden also in diesem Fall behandelt wie Spaltenvektoren).

Die wichtigsten Vektorfunktionen sind

`sum, prod, min, max, mean, median, std, sort, all, any.`

Letztere spielen eine Rolle in bedingten Anweisungen ($\longrightarrow$ Kapitel 3.3.1).

Die Vorteile, die der Befehl `sum` beim Programmieren bietet, werden in Kapitel 3.3.2 erörtert.

2.1.3 Elementare Matrixfunktionen

Dies sind Funktionen, die nicht zu den skalaren Funktionen oder den Vektorfunktionen gehören. Die wichtigsten fassen wir in der folgenden Tabelle zusammen.

Befehl	Klartext	Ergebnis
`det`	Determinante	Zahl
`rank`	Rang	Zahl
`eig`	Eigenwerte	Spaltenvektor
`inv`	Inverse Matrix	Matrix
`rref`	Gauss-Algorithmus	Matrix
`poly`	charakteristisches Polynom	Zeilenvektor
`size`	Typ der Matrix	Zeilenvektor
`norm`	Norm	Zahl
`cond`	Kondition	Zahl

2.2 Polynome in MATLAB

Polynome spielen in vielen Fällen der numerischen Mathematik eine besondere Rolle. In MATLAB kann man Polynome natürlich behandeln wie Funktionen, geschickter ist es aber in vielen Fällen, die MATLAB-spezifische Darstellung für Polynome zu verwenden. Ein Polynom

$$p(x) = \sum_{k=0}^{n} a_k x^k = a_0 + a_1 x + a_2 x^2 + ... + a_{n-1} x^{n-1} + a_n x^n$$

wird in MATLAB durch den Zeilenvektor

$$p = [a_n, a_{n-1}, ..., a_2, a_1, a_0]$$

mit $n+1$ Elementen dargestellt. Man beachte, dass der höchste Koeffizient zuerst geschrieben wird.[2] Das Polynom $p_3(x) = 2x^3 + x + 4$ (der Mathematik) wird also in MATLAB etwa durch `p3=[2,0,1,4]` dargestellt. Da in MATLAB keine Variablen zur Darstellung eines Polynoms verwendet werden, tauchen beim Arbeiten mit Polynomen in MATLAB einige Fragen auf. Wie wird etwa der Funktionswert $p_3(2)$ bestimmt? Wie werden Polynome multipliziert?

2.2.1 Grundrechenarten für Polynome

Sind

```
>> p1 = [2, 1, 3];p2 = [1, 2, 3, 4];
```

[2]Sind bei einer Anwendung die Koeffizienten in der (falschen) Reihenfolge $q = [a_0, a_1, ..., a_n]$ gegeben, so hilft der MATLAB-Befehl `fliplr(q)`.

zwei Polynome, so könnte man versuchen, die Summe mit `p1+p2` zu berechnen. Dies ist jedoch nicht möglich. `p1` respektive `p2` werden von MATLAB als Matrix vom Typ (1,3) respektive (1,4) aufgefasst, und solche Matrizen können bekanntlich nicht addiert werden. Füllt man jedoch `p1` so mit Nullen auf, dass beide Polynome vom gleichen Typ sind, dann funktioniert die Addition. Bei Eingabe von

```
>> psumme = [0, p1] + p2
```

erhält man die Polynomsumme

```
psumme =
    1 4 4 7
```

Die Multiplikation der Polynome `p1` und `p2` kann weder mit $*$ noch mit $.*$ durchgeführt werden. Beide Operationen sind nicht definiert! Die Multiplikation erfolgt mit dem Befehl `conv`[3].

```
>> pmult = conv(p1, p2)
```

Man erhält

```
pmult =
    2 5 11 17 13 12
```

Die Division zweier Polynome erfolgt mit dem Befehl `deconv` als Polynomdivision mit Rest. Man benötigt also zwei Rückgabegrößen, den ganzrationalen Anteil `q` und den echt gebrochen rationalen Anteil `r`. Das Ergebnis von[4]

```
>> [q, r] = deconv(p2, p1)
```

ist

```
q =
    0.5000 0.7500
r =
    0    0    0.7500 1.7500
```

Zur Verdeutlichung sei die mathematische Schreibweise gegeben

$$\frac{p_2(x)}{p_1(x)} = \frac{x^3 + 2x^2 + 3x + 4}{2x^2 + x + 3} = q(x) + \frac{r(x)}{p_1(x)}$$

[3] `conv` steht als Abkürzung für convolution (Faltung), eine in vielen Bereichen der Mathematik verwendete Funktion.

[4] Hat eine Funktion mehrere Rückgabegrößen, so müssen diese in eckige Klammern geschrieben werden.

mit

$$q(x) = 0.5x + 0.75\ ,\ r(x) = 0.75x + 1.75.$$

Partialbruchzerlegung

Mit MATLAB kann bequem eine Partialbruchzerlegung durchgeführt werden. Im oben aufgeführten Beispiel strebt man folgende Darstellung an

$$\frac{x^3 + 2x^2 + 3x + 4}{2x^2 + x + 3} = q(x) + \frac{a_1}{x - x_1} + \frac{a_2}{x - x_2},$$

auch (komplexe) Partialbruchzerlegung genannt. Hierbei sind x_1 und x_2 die Nullstellen des Nennerpolynoms. Die Koeffizienten a_1 und a_2 heißen auch Residuen. Man gibt

```
≫ [Res, Null, q] = residue(p2, p1);
```

ein und erhält in `q` den ganzrationalen Anteil (als Zeilenvektor), in `Res` die Residuen (als Spaltenvektor $[a_1; a_2]$) und in `Null` (als Spaltenvektor $[x_1; x_2]$) die zugehörigen Nullstellen.[5] Im Beispiel erhält man auf

```
≫ Res, Null
```

die Antwort

```
Res =
      0.1875 − 0.3258i
      0.1875 + 0.3258i
Null =
      −0.2500 + 1.1990i
      −0.2500 − 1.1990i
```

2.2.2 Weitere MATLAB-Funktionen für Polynome

Die MATLAB-Darstellung eines Polynoms erfolgt ohne Variable. Daher kann zur Funktionswertberechnung die Variable auch nicht durch eine Zahl ersetzt werden. Man benötigt daher zur Polynomwertberechnung eine spezielle MATLAB-Funktion, nämlich `polyval`. Den Wert des einleitend genannten Polynoms $p_3(x) = 2x^3 + x + 4$ an der Stelle 2 (also $p_3(2) = 22$) bestimmt man mit

```
≫ p3 = [2, 0, 1, 4];
≫ p3von2 = polyval(p3, 2);
```

[5] In Beispielen, in denen der Grad des Zählerpolynoms kleiner als der Grad des Nennerpolynoms ist, erhält man für `q` die Ausgabe `q=[]`.

oder (kürzer) mit

```
≫ p3von2 = polyval([2,0,1,4],2);
```

Die Berechnung von Nullstellen bei Polynomen wird oft benötigt.[6] So bestimmt man mit

```
≫ Nullstellen = roots([2,0,1,4])
```

die Nullstellen des Polynoms $p_3(x)$ und erhält

```
Nullstellen =
        0.5641 + 1.2061i
        0.5641 − 1.2061i
      −1.1282
```

Das Ergebnis wird als Spaltenvektor ausgegeben.[7]

Sind die Nullstellen eines Polynoms vorgegeben, so kann das Polynom selbst mit MATLAB bestimmt werden. So liefert

```
≫ P = poly([1,1,1])
```

das Polynom P mit höchstem Koeffizienten 1, welches 1 als dreifache Nullstelle hat, also

```
P =
     1 −3 3 −1
```

Zur Verdeutlichung sei die mathematische Schreibweise

$$P(x) = (x-1)^3 = 1 \cdot x^3 - 3x^2 + 3x - 1$$

hinzugefügt.

Wendet man also auf ein Polynom zunächst den Befehl `poly` und dann den Befehl `roots` an, so erhält man wiederum das Polynom (nun als Spaltenvektor).

Schließlich erhält man mit

```
≫ Ableit = polyder([2,0,1,4])
```

die Ableitung des Polynoms `p3`, hier also

```
Ableit =
     6 0 1
```

[6] Z.B. bei der Partialbruchzerlegung.

[7] Nach dem Satz von Gauss hat ein Polynom vom Grad n genau n (komplexe) Nullstellen. Mehrfachnullstellen werden entsprechend ihrer Vielfachheit aufgeführt.

2.3 Interpolation und Regression

Zunächst wird die Polynominterpolation erläutert, anschließend Splines und Regression.

2.3.1 Polynominterpolation

Hierzu seien in der Ebene $n+1$ Punkte

$$(x_1, y_1), (x_2, y_2), ..., (x_{n+1}, y_{n+1}) \text{ mit } x_1 < x_2 < ... < x_{n+1}$$

gegeben, etwa Messpaare aus einer Messreihe.

Gesucht ist nun ein Polynom minimalen Grades, das durch alle Punkte geht. Ein solches Polynom hat bekanntlich höchstens den Grad n und ist eindeutig bestimmt (vergl. [8]). Mit der MATLAB-Funktion `polyfit(x,y,n)` kann dieses Polynom sehr bequem bestimmt werden. Hierbei sind

$$x = [x_1, x_2, ..., x_{n+1}] \text{ und } y = [y_1, y_2, ..., y_{n+1}].$$

Eine Messreihe erzeugt man sich etwa wie folgt. Aus `x=[-3,-2,-1,0,1,2,3]` wird zunächst (komponentenweise) der Vektor `y=1./(x.^2+1)` berechnet und das Interpolationspolynom `interpol` zu diesen Stützwerten bestimmt, also[8]

```
>> x = -3 : 3;
>> y = 1./(x.^2 + 1);
>> interpol = polyfit(x, y, length(x) - 1);
```

Um die Anzahl der Elemente im Vektor x nicht abzählen zu müssen – man denke an Messreihen mit vielen Messpunkten – schreiben wir als dritten Parameter in `polyfit` nicht 6, sondern die Anzahl der Elemente des Vektors x minus Eins.

Nun sollen in eine Graphik die Messpaare (mit einem Stern), die Funktion $f(t) = \frac{1}{t^2+1}$ und das Interpolationspolynom `interpol` eingetragen werden, etwa mit[9]

```
>> plot(x, y, '*')
>> hold on
>> t = -3 : 0.01 : 3;
>> plot(t, 1./(1 + t.^2), ':')                %Funktion
>> plot(t, polyval(interpol, t), '-')   %Interpolationspolynom
>> hold off
```

[8]Es bietet sich an, alle Befehle in ein script file zu schreiben (⟶ Kapitel 3.1).
[9]Erläuterungen zum `plot`-Befehl findet man in Kapitel 3.1.2.
Arbeitet man nicht mit script files, so geht nach dem ersten `plot`-Befehl ein Fenster auf mit Namen Figure 1, das man mit einem Klick auf den Balken rechts oben an die Fußleiste legen kann.

Die Option `'*'` im ersten `plot`-Befehl sorgt dafür, dass benachbarte Punkte nicht (geradlinig) miteinander verbunden werden. Der `hold on` Befehl bewirkt, dass die weiteren `plot`-Befehle im gleichen Fenster ausgeführt werden. Das Fenster wird am Ende mit `hold off` abgeschlossen. Um das Programm für andere Messreihen flexibler zu gestalten, sollte die Vereinbarungszeile für `t` etwa durch

```
>> t = min(x) : (max(x) - min(x))/1000 : max(x);
```

ersetzt werden.

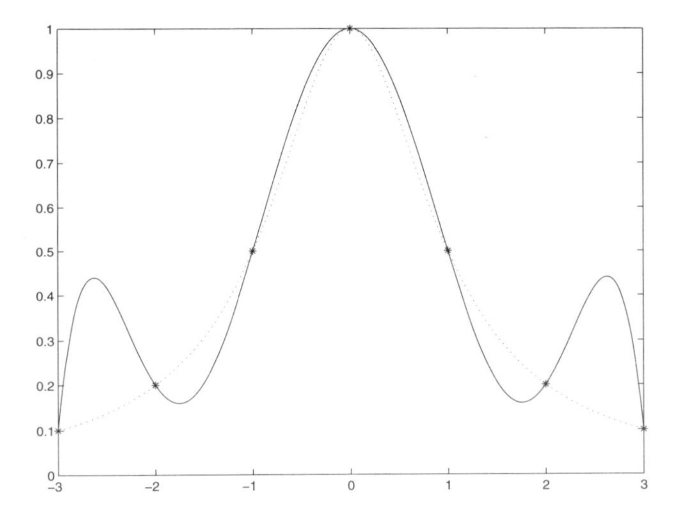

Abb. 2.1: *Polynominterpolation*

Die Erwartung, dass die Graphen des Polynoms `interpol` und der Funktion zusammenfallen, tritt nicht ein (Abbildung 2.1). Die Hinzunahme weiterer Stützwerte zu `x` und `y` verbessert die Sache nicht. Die Graphen des Interpolationspolynoms und der Funktion würden zwischen den Stützstellen noch weiter voneinander abweichen.[10]

Polynominterpolation ist offensichtlich nicht die richtige Methode, Messpaare zu verbinden. Es bieten sich zwei Alternativen an:

- Man verbindet jeweils zwei benachbarte Punkte mit einem Polynom (etwa vom Grad kleiner gleich drei) und verwendet die dann freien Parameter dazu, benachbarte Polynome so einzurichten, dass an den Stützstellen die Polynome in Funktionswert, erster und zweiter Ableitung übereinstimmen. Diese Funktion heißt **kubischer Spline**.
- Man fordert nicht, dass die gesuchte Funktion exakt durch alle Messpaare geht, sondern sucht Funktionen einfacher Struktur (etwa Polynome niedrigen Grades),

[10] Man ändere obige Befehle geeignet ab.

die den Messpaaren möglichst nahe kommen. Man spricht dann von **Ausgleichsrechnung** oder **Regression**[11].

Wir beginnen mit den

2.3.2 Splines

x und y werden wie im obigen Beispiel gewählt. Für kubische Splines steht in MATLAB die Funktion `spline` zur Verfügung mit den 3 Eingangsgrößen x-Werte der Messpaare, y-Werte der Messpaare und Stellen t, an denen der Spline später skizziert werden soll. Die Rückgabegröße s enthält die Funktionswerte des Splines an den Stellen t. So können dritte Eingangsgröße t und Rückgabegröße s direkt im `plot`-Befehl verwendet werden. Man gibt etwa die folgenden Befehle[12] ein und erhält Abbildung 2.2.

```
>> x = -3 : 3;
>> y = 1./(x.^2 + 1);
>> plot(x,y,'*')
>> hold on
>> t = -3 : 0.01 : 3;
>> s = spline(x,y,t);
>> plot(t,1./(1+t.^2),':')        %Funktion
>> plot(t,s,'-')                   %Spline
>> hold off
```

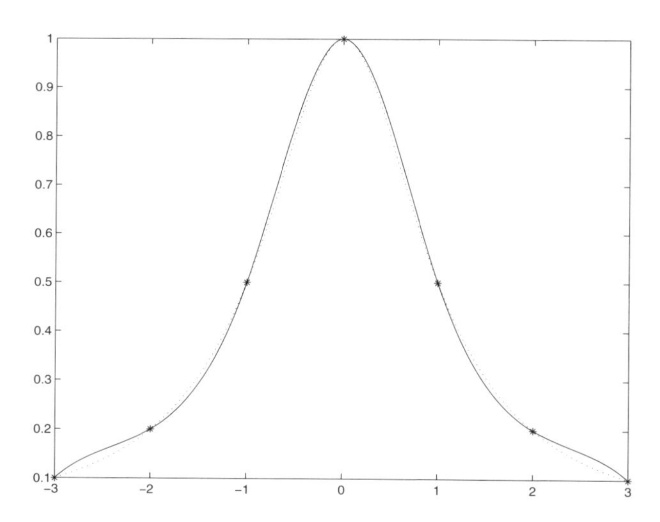

Abb. 2.2: *Kubische Splines*

[11] Für Einzelheiten sei etwa auf [8] verwiesen.
[12] Es bietet sich an, alle Befehle in ein script file zu schreiben (⟶ Kapitel 3.1).

Die Graphen der Funktion und des Splines weichen nur wenig voneinander ab. Mit Splines lassen sich also in MATLAB Messpaare bequem geeignet miteinander verbinden.

2.3.3 Regression

Auch zur Regression stellt MATLAB geeignete Funktionen zur Verfügung, etwa die bereits bekannte Funktion `polyfit`. Sie leistete schon bei der Polynominterpolation wertvolle Hilfe. Geändert werden muss nun nur der dritte Parameter. Er gibt den maximalen Grad des Regressionspolynoms an. Wird er etwa 1 gewählt, so werden mit `polyfit(xWerte,yWerte,1)` die Koeffizienten a und b der **Regressionsgeraden** $y(x) = ax + b$ berechnet. Wird er (wie oben) als Anzahl der Elemente des Vektors x minus Eins gewählt, so geht die Regression in die Polynominterpolation über. Wir ändern unsere Messpaare geringfügig ab und geben etwa folgende Befehle ein (zur **linearen Regression**)

```
≫ x = 0 : 6;
≫ y = 1./(x. ∧ 2 + 1);
≫ regkoeff = polyfit(x, y, 1);
≫ plot(x, y,' *')
≫ hold on
≫ t = 0 : 0.01 : 6;
≫ plot(t, 1./(1 + t. ∧ 2),' :')               %Funktion
≫ plot(t, polyval(regkoeff, t),' −')          %Regressionsgerade
≫ hold off
```

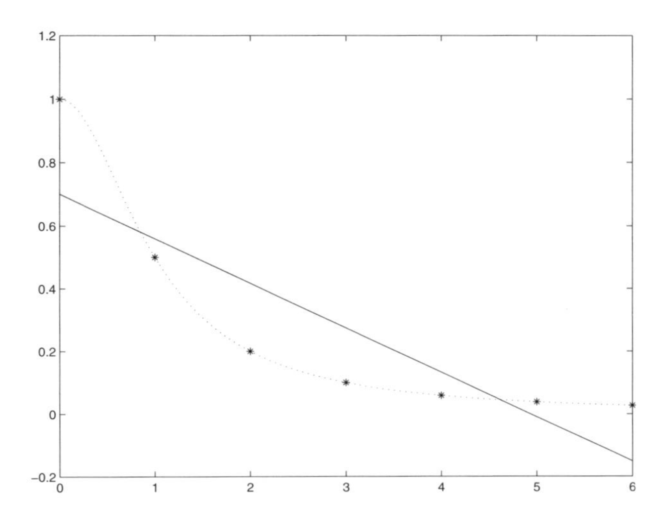

Abb. 2.3: *Lineare Regression*

Sieht man von den geänderten Messpaaren und der neuen Bezeichnung (jetzt **regkoeff** statt **interpol**) ab, so bleibt als einzige Änderung gegenüber der Polynominterpolation die Anpassung der dritten Eingangsgröße von **polyfit**. Man erhält Abbildung 2.3.

Natürlich lässt sich die vorgegebene Messreihe, die aus der Funktion $f(t) = \frac{1}{1+t^2}$ (künstlich) erzeugt wurde, nicht gut linear approximieren.

Ändert man jedoch nur den dritten Parameter von **polyfit** von 1 zu 3, so erhält man **kubische Regression**. Unter allen Polynomen $p(x) = a_3x^3 + a_2x^2 + a_1x + a_0$ bestimmt **polyfit** die optimalen Koeffizienten a_k. Man erhält Abbildung 2.4.

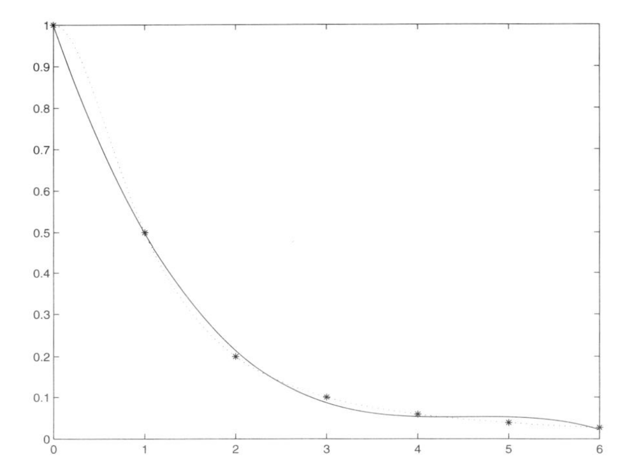

Abb. 2.4: *Kubische Regression*

Bei **exponentieller Regression** sucht man für die Ausgleichsfunktion $y(x) = Ae^{Bx}$ die optimalen Koeffizienzen A, B. Durch Logarithmieren $(\ln(y(x)) = Bx+\ln(A))$ linearisiert man das Problem.

Das Programm zur linearen Regression muss nun für exponentielle Regression nur geringfügig geändert werden. Der zweite Parameter in **polyfit** heißt nun[13] *log(y)* und zum Zeichnen von $y(x) = Ae^{Bx}$ muss die Linearisierung mit der Exponentialfunktion (entlogarithmieren) rückgängig gemacht werden. Die Messreihe wird an die exponentielle Regression angepasst.

[13] *log* wirkt komponentenweise $\longrightarrow$ Kapitel 2.1.1.

Mit

```
>> x = 0 : 4;
>> y = [1, 0.4, 0.1, 0.05, 0.02];
>> regkoeff = polyfit(x, log(y), 1);        % logarithmieren
>> plot(x, y,' *')
>> hold on
>> t = 0 : 0.01 : 4;
>> plot(t, exp(polyval(regkoeff, t)),' -')  % entlogarithmieren
>> hold off
```

erhält man Abbildung 2.5.

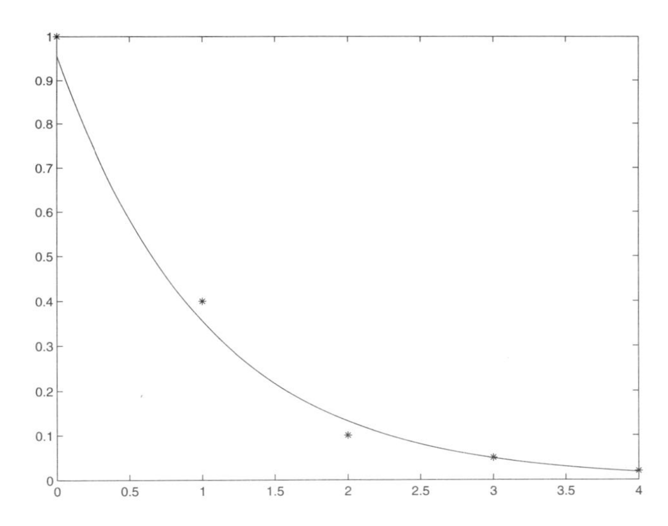

Abb. 2.5: *Exponentielle Regression*

Polynominterpolation, Regression und Splines sind also Themen, die mit MATLAB sehr einfach behandelt werden können.

2.4 Lineare Gleichungssysteme

Ein lineares Gleichungssystem lässt sich bekanntlich stets in der Form

$$A\vec{x} = \vec{b}$$

schreiben. Dabei ist A eine Matrix vom Typ (m, n), die Koeffizientenmatrix. $\vec{x}$, der unbekannte Vektor, enthält n Elemente oder (in der MATLAB-Sprache) ist eine Matrix vom Typ $(n, 1)$. $\vec{b}$, die Inhomogenität, enthält m Elemente oder (in der MATLAB-Sprache) ist eine Matrix vom Typ $(m, 1)$. Insgesamt ist dies also ein lineares Gleichungssystem mit m Gleichungen und n Unbekannten.

Zur Erinnerung:
Das lineare Gleichungssystem ist genau dann lösbar, wenn der Rang der Matrix A gleich dem Rang der erweiterten Matrix $[A, b]$ ist. Ist das lineare Gleichungssystem lösbar, dann ist $n - Rang(A)$ die Anzahl der freien Parameter. Insbesondere ist im Falle der Lösbarkeit das lineare Gleichungssystem eindeutig lösbar, falls $n = Rang(A)$, andernfalls hat das lineare Gleichungssystem unendlich viele Lösungen.

Das Lösen linearer Gleichungssysteme ist in MATLAB leicht. Man beachte jedoch, dass MATLAB auch für unlösbare lineare Gleichungssysteme eine Lösung liefert. Es sei also nachdrücklich empfohlen, zu überprüfen, ob ein lineares Gleichungssystem lösbar ist oder nicht. Ein script file hierzu findet man in Kapitel 3.1.5.

2.4.1 Lösbarkeit linearer Gleichungssysteme

Man gibt zunächst die Matrix A und die Inhomogenität b ein, etwa

```
≫ A = [1, 2, 3; 4, 5, 6; 7, 8, 0];
≫ b = [2; 4; 6];
```

Man beachte dabei, dass die Zeilenanzahl von A und b übereinstimmen.

Dann bestimmt man die Ränge wie folgt:

```
≫ RangDerMatrixA = rank(A);
≫ RangDerErweitertenMatrix = rank([A, b]);
```

Natürlich kann man die Befehle auch in ein script file schreiben (⟶ Kapitel 3.1.5), dann aber ohne das Zeichen ≫.

2.4.2 Eindeutig lösbare lineare Gleichungssysteme

Hat man festgestellt, dass das lineare Gleichungssystem eindeutig lösbar ist, indem man überprüft hat, ob der Rang der Koeffizientenmatrix A, der Rang der erweiterten Matrix

$[A, b]$ und die Anzahl der Unbekannten (Spaltenanzahl von A)[14] übereinstimmen, so löst man das lineare Gleichungssystem etwa mit

$\gg$ `x = A\b;`

Man beachte, dass der Befehl auch dann funktioniert, wenn A nicht quadratisch ist. Für quadratisches reguläres A geht auch `x=inv(A)*b`.

2.4.3 Nicht eindeutig lösbare lineare Gleichungssysteme

Hat man festgestellt, dass das lineare Gleichungssystem nicht eindeutig, sondern mehrdeutig lösbar ist, indem man überprüft hat, ob der Rang der Koeffizientenmatrix A mit dem Rang der erweiterten Matrix $[A, b]$, jedoch nicht mit der Anzahl der Unbekannten (Spaltenanzahl von A) übereinstimmt, so bestimmt man *eine* Lösung `x` des linearen Gleichungssystems mit

$\gg$ `x = pinv(A) * b;`

Eine Basis des homogenen linearen Gleichungssystems $A\vec{x} = \vec{0}$ erhält man mit `null(A)`.

Man beachte, dass der Befehl `pinv` auch dann funktioniert, wenn A nicht quadratisch ist.

2.4.4 Unlösbare lineare Gleichungssysteme

Hat man festgestellt, dass das lineare Gleichungssystem nicht lösbar ist, indem man überprüft hat, ob der Rang der Koeffizientenmatrix A mit dem Rang der erweiterten Matrix $[A, b]$ nicht übereinstimmt, so erhält man mit

$\gg$ `x = pinv(A) * b;`

keineswegs eine Fehlermeldung. `x` ist keine Lösung des gegebenen linearen Gleichungssystems $A\vec{x} = \vec{b}$, sondern ein Vektor, der $|A\vec{x} - \vec{b}|$ minimiert. Für Einzelheiten sei auf [8] verwiesen.

2.5 Eigenwerte und Eigenvektoren

Eine komplexe Zahl λ heißt *Eigenwert* zur quadratischen Matrix A, wenn es einen vom Nullvektor verschiedenen Vektor $\vec{x}$ gibt mit

$$A\vec{x} = \lambda\vec{x}.$$

[14] Die Spaltenanzahl von A bestimmt man mit dem MATLAB-Befehl `size(A,2)` oder man liest sie im Workspace ab ($\longrightarrow$ Kapitel 1.1.2).

$\vec{x}$ heißt dann *Eigenvektor* zum *Eigenwert* λ.[15] Ist

```
>> A = [1,2,3;4,5,6;7,8,9];
```

so erhält man mit

```
>> Eigenwerte = eig(A)
```

die

```
Eigenwerte =
 16.1168
 -1.1168
 -0.0000
```

als Spaltenvektor. Eine Matrix A mit paarweise verschiedenen Eigenvektoren ist diagonalähnlich, d.h. es gibt Matrizen S und D (Diagonalmatrix) vom Typ der Matrix A mit $A = SDS^{-1}$. Beide Matrizen können mit

```
>> [S,D] = eig(A)
```

zu

```
S =
  -0.2320 -0.7858  0.4082
  -0.5253 -0.0868 -0.8165
  -0.8187  0.6123  0.4082


D =
  16.1168       0       0
        0 -1.1168       0
        0       0 -0.0000
```

bestimmt werden.[16]

Zur Kontrolle berechnet man A erneut mit

```
>> Aneu = S * D * inv(S);
```

Nicht jede Matrix ist bekanntlich diagonalähnlich. Jedoch lässt sich eine beliebige quadratische Matrix B stets nach Schur unitär auf eine Dreiecksmatrix L transformieren, d.h. es gibt eine unitäre Matrix U und eine Dreiecksmatrix L mit $B = UL\overline{U}^T$. Ist

```
>> B = [1,2,-1;-2,3,1;-3,8,1];
```

[15] Eine ausführliche Darstellung zur Theorie der Eigenwerte findet man in Zurmühl-Falk ([10]).

[16] Hat eine MATLAB-Funktion mehrere Rückgabegrößen, so müssen diese in eckigen Klammern stehen (⟶ Kapitel 3.2).

so liefert

$\gg$ [U, L] = schur(B)

die Matrizen

```
U =
  -0.0000   0.9129  -0.4082
   0.4472  -0.3651  -0.8165
   0.8944   0.1826   0.4082
```

und

```
L =
  5.0000  -6.1237  -4.9295
       0   0.0000  -2.6833
       0   0.0000   0.0000
```

Man überprüft leicht, dass

$\gg$ Ein = U * U';

die Einheitsmatrix und

$\gg$ Bneu = U * L * U';

erneut die Matrix B liefert.

2.6 Rundungsfehler

MATLAB ist ein Softwarepaket, das numerisch arbeitet. Daher ist es angebracht, die Rundungsfehlerproblematik zu erörtern. Dies soll an einigen Beispielen erläutert werden. Für eine ausführliche Darstellung sei auf Literatur zur numerischen Mathematik verwiesen, etwa auf [3], [8], [9].

2.6.1 Rundungsfehler bei Grundrechenarten

Auf die Eingabe

$\gg$ 1.2 - 0.4 - 0.4 - 0.4

erfolgt das Ergebnis[17]

```
ans =
      -1.1102e - 016
```

[17] $1.1102e-16 = 1.1102 \cdot 10^{-16}$

und nicht Null, wie vielleicht erwartet. Das liegt daran, dass die Zahlen 1.2 und 0.4 keine endliche Entwicklung zur Basis 2 haben. So ist etwa

$$0.4 = \sum_{k=1}^{\infty} a_k 2^{-k} \quad , \quad a_k \in \{0, 1\}$$

nicht mit einer endlichen Reihe darstellbar, d.h. es sind unendlich viele $a_k's$ in obiger Darstellung von Null verschieden. Auf einem Rechner stehen aber nur endlich viele Bits zur Darstellung einer Zahl zur Verfügung. Die Zahl 0.4 steht also in der Binärdarstellung nur näherungsweise zur Verfügung.

Zur Beschreibung der Genauigkeit bei numerischen Rechnungen wird in MATLAB eine Größe `eps` verwendet. Sie beschreibt den Abstand von 1 zur nächstgrößeren darstellbaren Zahl. MATLAB antwortet auf die Eingabe

```
≫ eps
```

mit

```
ans =
    2.2204e − 016
```

und dies zeigt, dass das Ergebnis unseres Eingangsbeispieles gar nicht so schlecht ist. Problematisch wird die Angelegenheit erst dann, wenn man anschließend das Ergebnis mit einer großen Zahl multipliziert. So liefert etwa

```
≫ sogross = (1.2 − 0.4 − 0.4 − 0.4) ∗ 10∧20
```

als Ergebnis

```
sogross =
    −1.1102e + 004
```

In der Mathematik würde man hier als Ergebnis Null erwarten.[18]

2.6.2 Rundungsfehler bei elementaren Funktionen

Die Lösungen der quadratischen Gleichung $ax^2 + bx + c = 0$ sind bekanntlich durch

$$x_1 = \frac{-b + \sqrt{b^2 - 4ac}}{2a} \quad , \quad x_2 = \frac{-b - \sqrt{b^2 - 4ac}}{2a}$$

gegeben. Trifft man die Wahl $a = 0.5$, $b = -1000$, $c = -0.0090000000405$, so berechnet man mit MATLAB

```
≫ format long;
≫ b = −1000; c = −0.0090000000405;
≫ x1 = −b + sqrt(b∧2 − 2 ∗ c), x2 = −b − sqrt(b∧2 − 2 ∗ c)
```

[18] Auf das Thema Fehlerfortpflanzung soll hier nicht näher eingegangen werden.

die Ergebnisse

$$\texttt{x1} =$$
$$\texttt{2.000000009000000e} + \texttt{003}$$
$$\texttt{x2} =$$
$$-\texttt{8.999999977277184e} - \texttt{006}$$

Ohne die Ergebnisse einzusetzen, sieht man leicht, dass wenigstens ein Ergebnis falsch sein muss. Der Satz von Vieta verlangt nämlich $-2b = x1 + x2$ und dies ist nicht erfüllt, wie man leicht der Ziffernfolge von $x2$ ansieht. Der Fehler geht nicht zu Lasten von MATLAB! Schreibt man

$$x_2 = \frac{-b - \sqrt{b^2 - 2c}}{1} = \frac{2c}{-b + \sqrt{b^2 - 2c}}$$

und verwendet letztere Formel zur Berechnung von x_2, also

```
>> x2 = 2 * c/(-b + sqrt(b∧2 - 2 * c))
```

so erhält man

$$\texttt{x2} =$$
$$-\texttt{9.000000000000000e} - \texttt{006}$$

und dies ist richtig.

In Kapitel 2.2.2 wurde erläutert, wie mit dem Befehl `roots` in MATLAB Polynomnullstellen berechnet werden können. Hier berechnet man mit `roots` die Nullstellen wie folgt

```
>> roots([0.5, b, c])
```

und erhält die korrekten Ergebnisse

```
ans =
    1.0e + 003*
        2.00000000900000
       -0.00000000900000
```

2.6.3 Rundungsfehler bei Iterationen

Vorgelegt sei für eine natürliche Zahl n das Integral $I_n = \int_0^1 \frac{x^{n-1}}{x+5}\,dx$ (vergl.[3]).

Die numerische Integration ($\longrightarrow$ Kapitel 3.2.2) mit der Funktion `quad`, also

```
>> I21 = quad('x.^20./(x + 5)', 0, 1, 10 ^ (-15))
```

liefert im `format long`

```
I21 =
  0.007997523028233
```

Tatsächlich genügt I_n der Rekursion

$$I_n = -5I_{n-1} + \frac{1}{n-1} \quad \text{mit} \quad I_1 = \ln(1.2)$$

und man könnte geneigt sein, alle Integrale I_n für $n = 2, ..., 30$ bequem iterativ zu berechnen, etwa mit

```
>> format long
>> I(1) = log(1.2);
>> for n = 2 : 30, I(n) = -5 * I(n - 1) + 1/(n - 1); end
>> I
```

Im Ausgabevektor I, der hier nicht explizit angegeben wird, stehen (jedenfalls nach der gegebenen Berechnung) die Integrale I_n. Das Ergebnis kann aber nicht richtig sein, denn es kommen negative Zahlen vor, obwohl das Integral für jedes n positiv ist. Der Grund liegt darin, dass bei der Berechnung von I_n aus I_{n-1} der Fehler, mit dem I_{n-1} bereits belastet ist, nun mit -5 multipliziert wird, also betragsmäßig vergrößert wird. Da $\lim_{n\to\infty} I_n = 0$, wird der Fehler im berechneten I_n mit wachsendem n dominant und verfälscht das wahre Ergebnis für I_n vollständig.

Man sollte also nur Iterationen programmieren, bei denen der alte Wert (hier $I(n-1)$) mit einer Zahl multipliziert wird, die betragsmäßig kleiner gleich 1 ist.

Die Berechnung des Integrals mit dem Befehl `quad` dauert relativ lange. Wir erläutern noch eine schnelle Berechnung des Integrals. Entwickelt man $\frac{1}{x+5}$ in eine Potenzreihe[19], ersetzt $\frac{1}{x+5}$ durch die Potenzreihe im Integranden und integriert gliedweise, so erhält

[19] Unter Verwendung der geometrischen Reihe zeigt man leicht $\frac{1}{x+5} = \frac{1}{5}\sum_{k=0}^{\infty}(-\frac{x}{5})^k$.

man eine Darstellung für I_n in Form einer schnell konvergierenden unendlichen Reihe, nämlich

$$I_n = \sum_{k=0}^{\infty} \frac{(-1)^k}{n+k} \cdot \frac{1}{5^{k+1}}$$

Da 30 Terme der Potenzreihe schon genügen, um das Ergebnis für I_n auf 15 Stellen genau zu berechnen, bestimmt man mit MATLAB etwa den Wert der Polynome

$$p_n(x) = \frac{1}{5} \sum_{k=0}^{29} \frac{x^k}{n+k}$$

an der Stelle $x = -\frac{1}{5}$. So erhält man etwa mit

```
≫ format long
≫ n = 21;
≫ p = 0.2./([n + 29 : −1 : n]);
≫ polyval(p, −0.2)
```

das Ergebnis

```
ans =
  0.007997523028232
```

das mit dem mittels `quad` berechneten Resultat übereinstimmt.

Die Berechnung des Integrals mit Hilfe des Polynoms geht allerdings viel schneller. Eine Zeitmessung kann mit den Funktionen `tic` und `toc` (⟶ Kapitel 3.3.2) durchgeführt werden.

```
≫ tic; I21 = quad('x.∧20./(x + 5)', 0, 1, 10 ∧ (−15)); toc
≫ tic; n = 21; p = 0.2./([n + 29 : −1 : n]); polyval(p, −0.2); toc
```

2.6.4 Rundungsfehler bei Matrizen und linearen Gleichungssystemen

Das lineare Gleichungssystem (vergl.[2])

$$x + y = 2 \quad , \quad x + 1.0001y = 2.0001$$

ist, wie man leicht (auch ohne MATLAB) überprüft, eindeutig lösbar[20] mit $x = y = 1$. Man berechnet leicht

```
≫ format short
≫ A = [1, 1; 1, 1.0001];
≫ b = [2; 2.0001];
≫ x = A\b
```

[20]Die Koeffizientenmatrix hat den Rang 2.

und erhält die erwartete Antwort

```
x =
    1.0000
    1.0000
```

Arbeitet man mit vielen Nachkommastellen, etwa

```
>> format long
>> x = A\b
```

so lautet die offensichtlich falsche Antwort

```
x =
    0.999999999997779
    1.000000000002221
```

Runden auf 4 Nachkommastellen im `format short` hat den Fehler offensichtlich kaschiert. Der Fehler kann nicht MATLAB zugeordnet werden. Es handelt sich bei der gestellten Aufgabe um ein schlecht konditioniertes Problem.[21] Mit

```
>> cond(A)
```

erhält man im `format short`

```
ans =
    4.0002e + 004
```

Mit `cond(A)` wird die Kondition der Matrix A berechnet. Für die Erläuterung des Begriffs Kondition muss auf Spezialliteratur verwiesen werden (z.B. [8]). Vereinfacht gesagt gilt Folgendes. Ist $10^r \leq cond(A) < 10^{r+1}$ mit einer natürlichen Zahl r (hier also $r = 4$), dann muss beim Lösen eines linearen Gleichungssystems durch $A\backslash b$ mit einem Verlust von r Stellen gerechnet werden.

Ein anderes, schlecht konditioniertes Problem ist das Invertieren der Hilbertmatrix. Die Gestalt der Hilbertmatrix betrachtet man am besten im `format rat`, etwa

```
>> format rat
>> H5 = hilb(5)
```

[21] Auch geometrisch kann man die schlechte Kondition erahnen. Man skizziere etwa die beiden Gleichungen (Geraden) des linearen Gleichungssystems. Der Schnittpunkt ist dann ziemlich 'verschmiert'.

Man erhält

```
H5 =

    1    1/2  1/3  1/4  1/5
    1/2  1/3  1/4  1/5  1/6
    1/3  1/4  1/5  1/6  1/7
    1/4  1/5  1/6  1/7  1/8
    1/5  1/6  1/7  1/8  1/9
```

Berechnet man nun

```
>> format long
>> E = inv(H5) * H5;
```

so sollte das Ergebnis eigentlich die Einheitsmatrix E sein, was offensichtlich nicht der Fall ist. Die Kondition der Hilbertmatrix vom Typ $(5, 5)$ zeigt, dass beim Invertieren mit einem Verlust von 5 Stellen gerechnet werden muss. Man stellt mit

```
>> cond(hilb(15))


ans =
   2.446873177342802e + 017
```

leicht fest, dass beim Invertieren der Hilbertmatrix vom Typ $(15, 15)$ mit einem Verlust von 17 Stellen gerechnet werden muss und beachte, dass im `format long` in MATLAB nur 15 Nachkommastellen gegeben werden.[22]

[22] In der englischsprachigen Literatur spricht man im Zusammenhang mit der Hilbertmatrix auch vom 'king of ill-conditioned matrices'.

3 Programmieren in MATLAB

3.1 Script Files

In den bisherigen Kapiteln haben wir häufig mehrere Kommandos nacheinander ausgeführt, etwa um ein Bild zu zeichnen. Beendet man eine MATLAB-Sitzung, sind alle Kommandos verloren. Es wäre daher wünschenswert, die Kommandos in eine Datei zu schreiben und diese Datei – *script file* genannt – auszuführen. Wir behandeln dies ausführlich im nächsten Abschnitt. Es sei darauf verwiesen, dass solche script files nur dann ausgeführt werden, wenn sie im Current Directory oder einem Verzeichnis gespeichert sind, das im MATLAB-Pfad liegt.[1]

3.1.1 Script Files erstellen

Der Vorgang wird beispielhaft beschrieben. Zunächst sollte man die voreingestellte Oberfläche herstellen ($\longrightarrow$ Kapitel 1.1.1, 1.1.3).

Man klickt zunächst das weiße Blatt (erstes Symbol der zweiten Menüleiste) an. Es wird ein neues Fenster mit dem blau unterlegten Titel Editor-Untitled geöffnet, das Command Window wird verkleinert. Im Editor-Fenster trägt man nun die gewünschten Kommandos ein, und zwar *ohne* das Zeichen $\gg$, etwa

```
x=0:0.01:2*pi;
y=sin(x);
plot(x,y)
```

Unter *File* (erstes Symbol in der ersten Menüzeile des MATLAB-Fensters) die Option *SaveAs* wählen, in das sich dann öffnende Fenster einen Dateinamen eintragen mit Erweiterung .m (etwa `GraphSinus.m`) und den Knopf *Speichern* anklicken. Das Fenster Editor-Untitled bekommt jetzt den Namen GraphSinus.m ergänzt um den Pfadnamen. Man vermeide Dateinamen, die in MATLAB bereits reserviert sind![2]

Nun kann die Datei ausgeführt werden, etwa mit *Debug* $\rightarrow$ *Run GraphSinus.m* (*Debug* ist das siebte Symbol in der ersten Menüleiste des MATLAB-Fensters).[3]

Ein neues Fenster mit Namen Figure 1 wird geöffnet, in dem der Sinus über eine Periode skizziert wird. Man schließe nun das Figure 1 und das GraphSinus.m-Fenster durch Klick

---

[1] Um den MATLAB-Pfad zu ergänzen, wähle man im Command Window die Option *File* $\rightarrow$ *Set Path* oder ziehe die Fragezeichenhilfe zu `path` zu Rate.

[2] Man beachte die Erläuterungen in Kapitel 1.2.3.

[3] Falls GraphSinus.m in einem Ordner gespeichert ist, der nicht im MATLAB-Pfad oder im Current Directory liegt, geht zunächst ein MATLAB-Editor-Fenster auf. Dort kann dieser Ordner dann in den MATLAB-Pfad aufgenommen oder zum Current Directory gemacht werden.

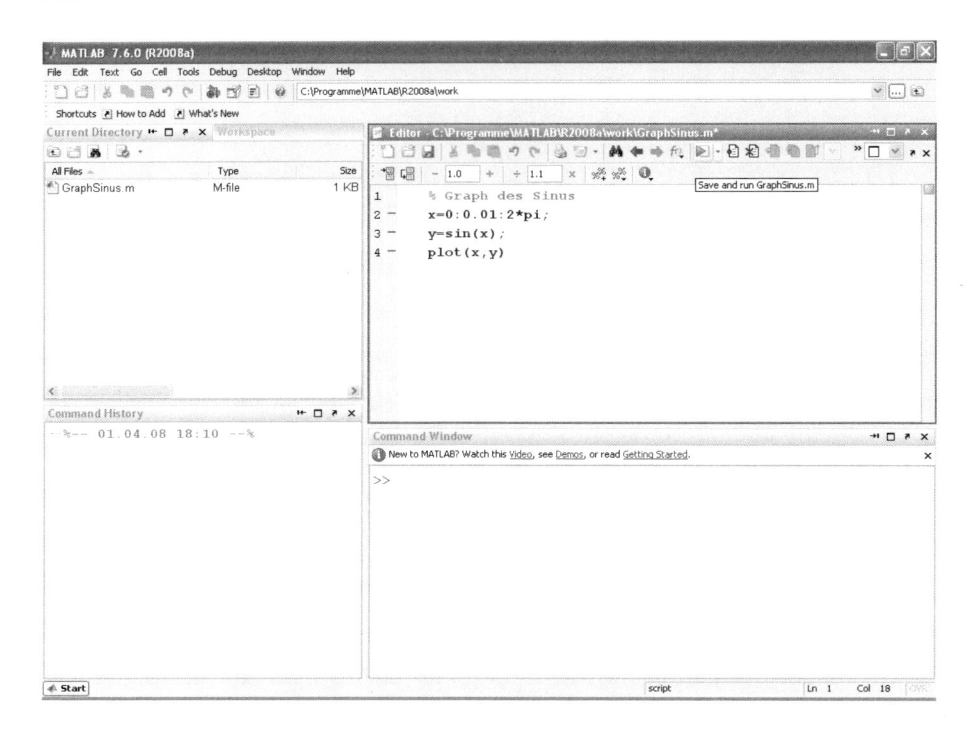

Abb. 3.1: *Das Script File GraphSinus.m, eingebunden in das* MATLAB-*Fenster.*

auf das Kreuz rechts oben im jeweiligen Fenster und aktiviere das MATLAB-Fenster, falls dies nicht schon geschehen ist.

Aktiviert man nun das Fenster Current Directory (⟶ Kapitel 1.1.2), so findet man dort das script file `GraphSinus.m`. Mit einem Doppelklick öffnet man das Fenster wieder und kann nun die Datei ergänzen.

Nach eventuellen Änderungen (siehe unten) kann durch Klick auf das Diskettensymbol (zweite Menüleiste, drittes Symbol) das geänderte script file gespeichert werden und wieder wie zuvor ausgeführt werden. Die geänderte Datei kann auch durch Klick auf das Symbol grünes Dreieck (*Save and run GraphSinus.m*) der zweiten Menüleiste gespeichert und ausgeführt werden.

Wenn man ein größeres script file entwickelt, ist es ratsam, einem lauffähigen script file nur wenige neue Zeile hinzuzufügen, um danach einen Lauftest zu machen. Mögliche Programmierfehler werden im Command Window ausgegeben. Hilfreich ist auch ein Blick auf die rechte Leiste des Editor-Fensters. Ein grünes Quadrat deutet an, dass keine Warnungen vorliegen, ein oranges Quadrat weist auf Warnungen hin – man entferne etwa einen Strichpunkt –, bei einem roten Quadrat liegt ein syntaktischer Fehler vor.

Will man ein script file aus dem Current Directory ausführen, das nicht geöffnet ist, geht man mit dem Mauszeiger auf dieses script file, klickt die rechte Maustaste an und wählt die Option *Run*.

3.1.2 Graphen mit Script Files erzeugen

Das in Kapitel 3.1.1 entwickelte script file `GraphSinus.m` kann weiter entwickelt werden. Titel, Achsenbeschriftung und Text können nachträglich hinzugefügt werden. Hierzu öffnet man das script file `GraphSinus.m` wie in Kapitel 3.1.1 beschrieben und fügt im Anschluss an die drei bereits existierenden Zeilen die folgenden Zeilen ein

```
title('Der Graph des Sinus in [0,2\pi]')
xlabel('x-Achse')
ylabel('y-Achse')
text(1.5,0.5,'Graph des Sinus')
gtext('noch ein Text')
grid     % hier wohl ueberfluessig
legend('Sinus')
```

Man speichert das script file und führt es aus wie oben beschrieben. Befehle, die man nicht haben möchte, sollte man nicht unbedingt löschen. Bequemer ist es, am Anfang der Zeile ein % Zeichen einzufügen, das *Kommentarzeichen*. Ab diesem Zeichen wird in der ganzen Zeile der nun folgende Teil als Kommentar aufgefasst. (`grid` wird also ausgeführt, was danach kommt ist Kommentar.)

Die ersten drei hinzugefügten Zeilen bedürfen keiner Beschreibung.[4]

`text(xWert,yWert,'Graph des Sinus')` positioniert den Text `Graph des Sinus` beginnend am Punkt `(xWert,yWert)`. Man achte darauf, dass `(xWert,yWert)` innerhalb der Graphik liegt.

Mit `gtext('noch ein Text')` erzwingt man, dass das Programm bei der Ausführung an dieser Zeile anhält und vom Benutzer erwartet, dass der Text `noch ein Text` mit der Maus an beliebiger Stelle in der Graphik, nämlich dort wo das Kreuz auftaucht, mit einem Mausklick positioniert wird. Danach läuft das Programm weiter und zeichnet Gitterhilfslinien (`grid`). Der `legend`-Befehl erstellt natürlich eine Legende. Zur Positionierung der Legende beachte man die Hilfe.

Graphiken können leicht nachbearbeitet werden. Klickt man im Figure-Fenster das Symbol $\nwarrow$ an (*Edit Plot*) und führt anschließend einen Doppelklick aus mit dem Mauszeiger auf dem Graphen, so wird am unteren Ende des Figure Window das Property Editor-Lineseries-Fenster geöffnet (vergl. Abb. 3.2). Dort können Eigenschaften des Graphen wie Farbe, Symbolik, Strichdicke, usw. angepasst werden. Alle Optionen erhält man durch Klick auf das Feld More Properties. Führt man einen Doppelklick mit dem Mauszeiger im weißen Teil der Graphik aus, so wird das Property Editor-Axes-Fenster geöffnet. Dort können Eigenschaften wie etwa Titel und Achsenbeschriftung angepasst werden. Mit einem Klick auf das Symbol $\nwarrow$ übernimmt man dann die Änderungen.

Die geänderte Graphik kann gespeichert werden. Hierzu wähle man im Figure-Fenster die Option *File* $\rightarrow$ *Save as* und trage in das dafür vorgesehene Feld einen Namen mit der Erweiterung .fig (vordefiniert) ein. Im aktuellen Ordner wird nun diese Datei gespeichert. Mit einem Doppelklick auf die Datei kann die Graphik wieder geöffnet werden. Man beachte jedoch, dass sich dabei die Quelldatei GraphSinus.m nicht ändert.

[4] Das Zeichen \ vor *pi* erzwingt die Ausgabe des griechischen Buchstabens π. LaTeX-Symbolik!

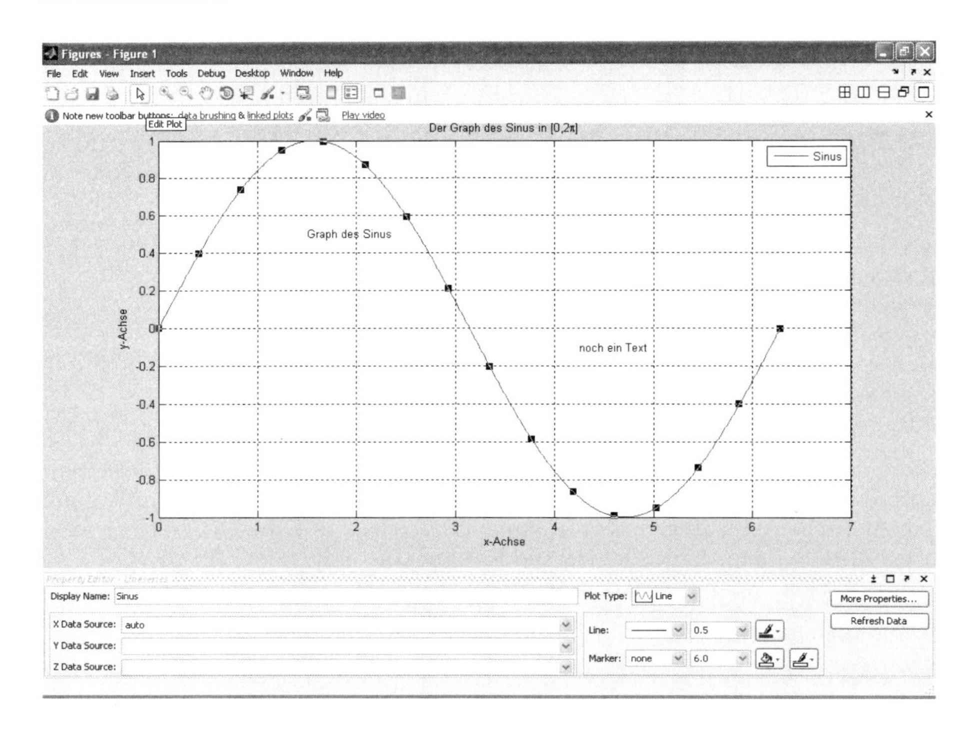

Abb. 3.2: *Property Editor-Lineseries-Fenster, angehängt an das Figure-Fenster.*

Schließlich noch etwas zum `plot`-Befehl (Einzelheiten mit der Online-Hilfe, Kapitel 1.1.5).

Der plot-Befehl

Der `plot`-Befehl in seiner einfachsten Struktur hat die Syntax

```
plot(xVektor,yVektor,'..')
```

wobei der Teil `'..'` optional ist, also weggelassen werden kann.

$xVektor$ und $yVektor$ müssen dieselbe Anzahl reeller Zahlen haben, etwa

$$xVektor = [x_1, x_2, ..., x_n] \ , \ \ yVektor = [y_1, y_2, ..., y_n] \, .$$

Dann verbindet MATLAB die Punkte (x_1, y_1), (x_2, y_2),...,(x_n, y_n) geradlinig[5].

Wählt man genügend viele dicht beieinander liegende Punkte, so kann man die geradlinige Verbindung auf Grund der Auflösung des Bildschirms nicht mehr erkennen.

Im optionalen Teil `'..'` kann man Farbe und Symbol, mit dem der Graph gezeichnet werden soll, wählen. So ist etwa `'r-'` ein Graph in rot mit durchgezogener Linie. Für

[5] Im optionalen Teil dürfen dabei die Symbole $*$, $+$ oder $\circ$ nicht vorkommen.

die voreingestellten Farben und Symbole kann man die Hilfe verwenden oder das oben erwähnte Property Editor-Lineseries-Fenster studieren.

Der hier vorgestellte Spezialfall des `plot`-Befehls hat noch sehr viel mehr Optionen, auf die hier nicht eingegangen werden kann. Man ziehe die umfangreiche Fragezeichenhilfe (⟶ Kapitel 1.1.5) heran.

Im weiteren Verlauf des Abschnitts werden Varianten und Alternativen zum `plot`-Befehl besprochen.

3.1.3 Spezielle Graphen

In den nachfolgenden Abschnitten werden Befehlssequenzen angegeben, mit denen einige spezielle Graphen gezeichnet werden können. Man kann die dort gegebenen Befehle entweder im MATLAB Command Window zeilenweise nach dem MATLAB-Prompt ≫ eingeben *oder* ohne MATLAB-Prompt (so wie beschrieben) in ein script file schreiben (⟶ Kapitel 3.1.1). Viele Graphiken lassen sich durch die in Kapitel 3.1.2 angegebenen Befehle ergänzen.

- **parametrisierte Kurven**

  Dazu gehören etwa die Lissajou-Figuren

```
% Lissajou-Figur
t=0:0.01:6.3; % t ist der Parameter
x=sin(t);
y=sin(2*t);
plot(x,y)
```

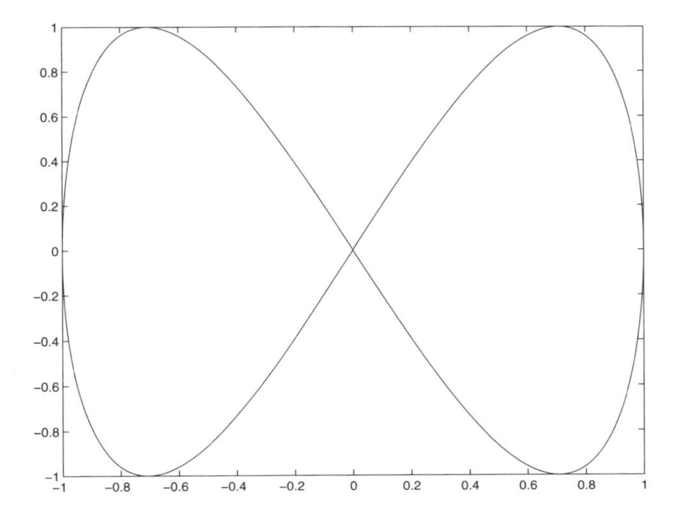

Abb. 3.3: *Lissajou-Figur*

Auch Rollkurven können oft in Parameterform dargestellt werden.

- **Kurven in Polarkoordinaten**

  Dazu gehören etwa Spiralen.

```
% Archimedische Spirale
phi=0:0.01:6.3; % phi ist der Winkel
r=2*phi;
polar(phi,r)    % polar ist der plot Befehl...
                % ...fuer Polarkoordinaten
```

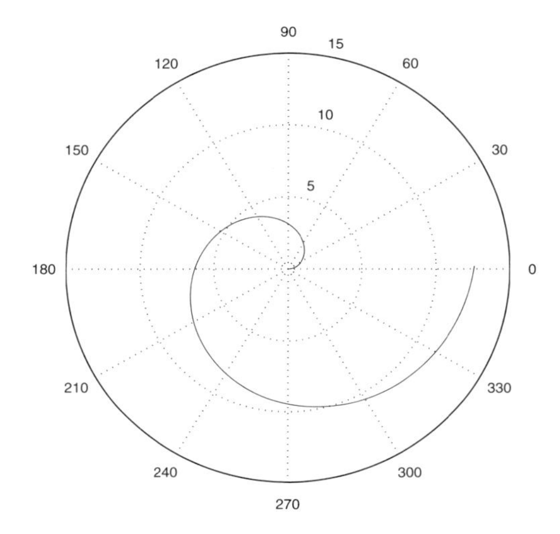

Abb. 3.4: *Archimedische Spirale*

Auch Rollkurven können oft in Polarkoordinaten dargestellt werden.

- **Ortskurven**

  Ortskurven werden häufig in der Elektrotechnik verwendet.

```
% Ortskurve
R=10;           % Ohm'scher Widerstand
C=10 ∧(-6); % Kapazitaet
L=10 ∧(-4); % Induktivitaet
w=0.1:1000:10 ∧ 7;    % Kreisfrequenzbereich
Z=R+j*(w*L-1./(w*C)); % Wechselstromwiderstand...
                      % ... des Reihenschwingkreises
plot(1./Z);
axis('equal')             % Achsen gleich skaliert
axis([0,0.1,-0.05,0.05]) % manuelle Achsen-Skalierung
```

Einige Bemerkungen seien hinzugefügt. Den Kreisfrequenzbereich sollte man nicht bei 0 beginnen wegen der anschließenden Division durch ω. Der `plot`-Befehl, angewendet auf einen komplexen Vektor, zeichnet Imaginärteil über Realteil. Gleichbedeutend wäre der Befehl `plot(real(1./Z),imag(1./Z))`. Die beiden

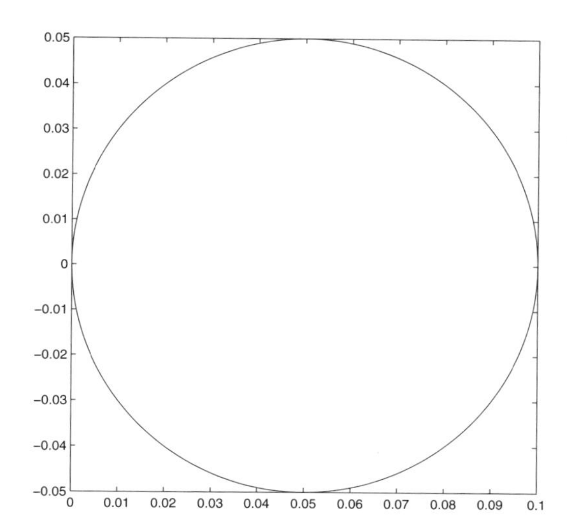

Abb. 3.5: *Ortskurve*

`axis`-Befehle sollten bei einem Programmtest auskommentiert werden, um ihre genaue Wirkungsweise zu sehen. Sie müssen jedoch *nach* dem `plot`-Befehl stehen.

Die Ortskurve ist bekanntlich ein Kreis mit Mittelpunkt $(\frac{1}{2R}, 0)$ und Radius $\frac{1}{2R}$.

- **Zeigerdiagramme**

  Addiert man zwei sinusförmige Schwingungen gleicher Kreisfrequenz, so entsteht wieder eine sinusförmige Schwingung dieser Kreisfrequenz, in Formeln

  $$u_1 \sin(\omega t + \varphi_1) + u_2 \sin(\omega t + \varphi_2) = u \sin(\omega t + \varphi)$$

  Hierin sind $u_1, u_2, \varphi_1, \varphi_2$ die gegebenen Größen und u, φ gesucht.
  Setzt man

  $$\underline{u_1} = u_1\, e^{j\varphi_1},\ \underline{u_2} = u_2\, e^{j\varphi_2}\ ,$$

  so gilt

  $$u = abs(\underline{u_1} + \underline{u_2}),\ \varphi = arg(\underline{u_1} + \underline{u_2}).$$

  Dies lässt sich auch graphisch realisieren mit Zeigerdiagrammen

```
% Zeigerdiagramm
u1=2; phi1=pi/4;
u2=3; phi2=3*pi/4;
z1=u1*exp(j*phi1);
z2=u2*exp(j*phi2);
compass([z1,z2,z1+z2])
u=abs(z1+z2)
phi=angle(z1+z2)
```

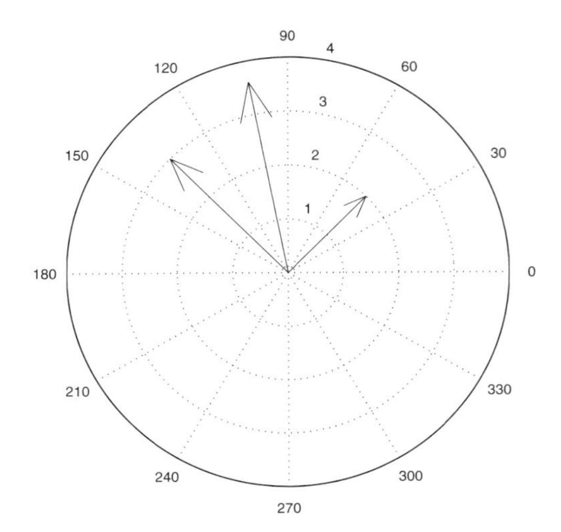

Abb. 3.6: *Zeigerdiagramm*

Die komplexe Addition ist graphisch eine Zeigeraddition (Vektoraddition). `u` entnimmt man der Länge des Zeigers `z1+z2`, `phi` ist der Winkel zwischen der reellen Achse und dem Zeiger `z1+z2`. Die letzten beiden Programmzeilen schreiben die Ergebnisse für `u` und `phi` ins MATLAB Command Window. Das Zeigerdiagramm ist leider einfarbig. Ersetzt man den `compass`-Befehl durch die Befehle

```
compass(z1+z2,'r-')
hold on
compass(z1,'b-')
compass(z2,'g-')
hold off
```

so kann man die Zeiger auch farblich unterscheiden. Der Befehl `hold on` veranlasst, dass alle Zeiger in ein Diagramm gezeichnet werden. Die Graphik sollte dann mit `hold off` abgeschlossen werden.

- **Halblogarithmische Darstellungen**

Oft hat man bei Funktionen einen großen Wertebereich verglichen mit dem Definitionsbereich. So hat die Funktion $f(x) = 2 \cdot 10^{3x}$ mit Definitionsbereich $[0, 10]$ den Wertebereich $[2, 2 \cdot 10^{30}]$. Logarithmiert man die Gleichung $f(x) = 2 \cdot 10^{3x}$, so erhält man $log_{10}f(x) = log_{10}(2)+3x$. Trägt man nun $log_{10}(f(x))$ über x auf (halblogarithmische Darstellung bezüglich der y-Achse), so erhält man eine Gerade mit Achsenabschnitt $log_{10}2$.

```
% halblogarithmische Darstellung
x=0:0.1:10;
y=2*10.^(3*x);
semilogy(x,y);
```

Ebenso gibt es halblogarithmische Darstellungen bezüglich der x-Achse und logarithmische Darstellungen bezüglich beider Achsen. Typisch sind die letzten beiden bei Bodediagrammen.

- **Bodediagramme**

  In der Control Toolbox von MATLAB, die hier nicht als zur Verfügung stehend betrachtet wird, gibt es einen Befehl `bode`.

  Im Reihenschwingkreis mit Ohm'schem Widerstand R, Kapazität C und Induktivität L gilt nach Anlegen einer Spannung $u_e(t) = \hat{u}_0 \sin(\omega t)$ für die Spannung am Ohm'schen Widerstand (nach Beendigung des Einschaltvorganges)

$$u_a(t) = \hat{u}_0 |H(j\omega)| \sin(\omega t + \varphi),$$

  wobei

$$H(j\omega) = \frac{R}{R + j(\omega L - \frac{1}{\omega C})} \quad , \quad \varphi = arg(H(j\omega)).$$

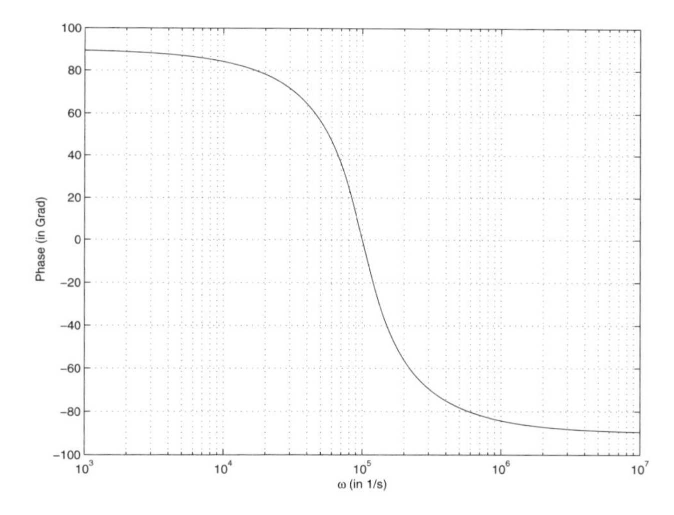

Abb. 3.7: *Bodediagramm, Phasengang*

Da ω in der Regel große Kreisfrequenzbereiche umfasst (im folgenden Beispiel $10^3 ... 10^7$), wäre bei 1001 linear gewählten Stützwerten von ω die Schrittweite $\frac{10^7 - 10^3}{1000} = 9999$. Im Intervall $[10^3, 10^4]$ gäbe es also nur einen Stützwert, wohingegen es in $[10^6, 10^7]$ 901 Stützwerte gäbe. Man wählt daher logarithmisch verteilte Stützwerte, in MATLAB mit dem Befehl[6] `w=logspace(3,7,1001)`. Für den Phasengang hat man nun etwa

---

[6] 3 kommt von 10^3, 7 kommt von 10^7 und 1001 ist die Anzahl der Stützwerte.
Man lasse sich den Vektor w im Command Window ausgeben und betrachte insbesondere die Werte $w(1)$, $w(251)$, $w(501)$, $w(751)$, $w(1001)$.
Mit dem Befehl `diff(log(w))` (gebildet wird die Differenz aufeinander folgender Werte von $log(w)$) sieht man, dass $log(w)$ linear verteilt ist.

```
% Bodediagramm Phasengang
R=10; C=10∧(-6); L=10∧(−4);
w=logspace(3,7,1001);
H=R./(R+j*(w*L-1./(w*C)));
semilogx(w,unwrap(angle(H))*180/pi)
xlabel('\omega (in 1/s)')
ylabel('Phase (in Grad)')
grid
```

Der Befehl `unwrap(angle(H))` kann bei diesem Beispiel durch `angle(H)` ersetzt werden. `unwrap` verhindert Phasensprünge im Phasengang.

Für den Amplitudengang gilt

```
% Bodediagramm Amplitudengang
R=10; C=10∧(-6); L=10∧(−4);
w=logspace(3,7,1001);
H=R./(R+j*(w*L-1./(w*C)));
semilogx(w,20*log10(abs(H)))
xlabel('\omega (in 1/s)')
ylabel('|H|_{db}')
grid
```

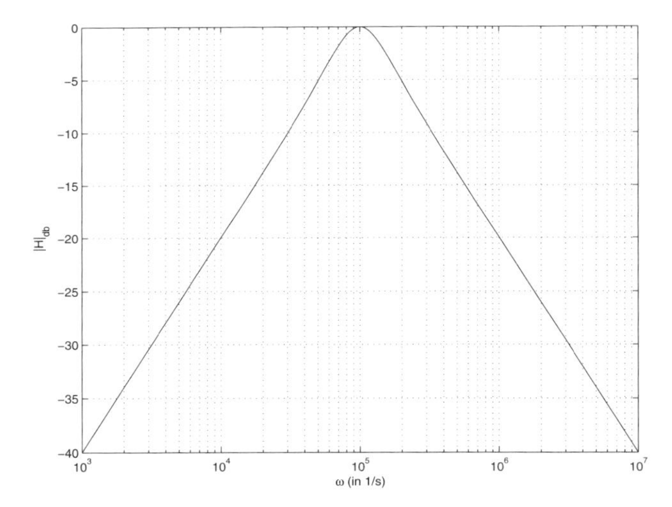

Abb. 3.8: *Bodediagramm, Amplitudengang*

Der Amplitudengang wird in Dezibel (db) aufgetragen. Dabei setzt man zur Abkürzung $|H|_{db} = 20log_{10}(|H(j\omega)|)$. Wäre man nur an einer doppeltlogarithmischen Darstellung interessiert, hätte man statt des halblogarithmischen Befehls `semilogx(w,20*log10(abs(H)))` auch den Befehl `loglog(w,abs(H))` nehmen können. Den Vorteil der doppeltlogarithmischen Darstellung erkennt man am Bodediagramm. Die Kurve lässt sich stückweise durch Geraden approximieren.

Mitunter hat man gerne Amplituden- und Phasendiagramm in einem Fenster. Hierzu kopiere man zunächst die letzten vier Zeilen des Programms für den Phasengang an das Ende des Programms für den Amplitudengang. Fügt man dann vor den zwei `semilogx`-Zeilen die Befehle `subplot(2,1,1)` und `subplot(2,1,2)` ein, so erhält man

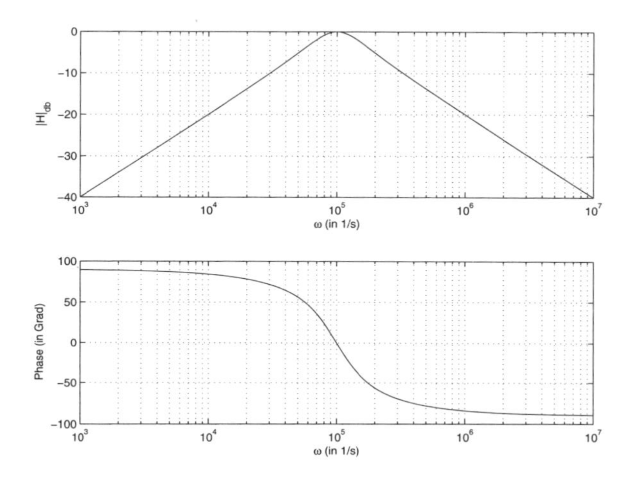

Abb. 3.9: *Bodediagramme mit subplot*

Sollen die subplots nebeneinander stehen, so schreibt man `subplot(1,2,1)` und `subplot(1,2,2)`. Wer mehr als zwei subplots haben will, sollte die Fragezeichenhilfe heranziehen.

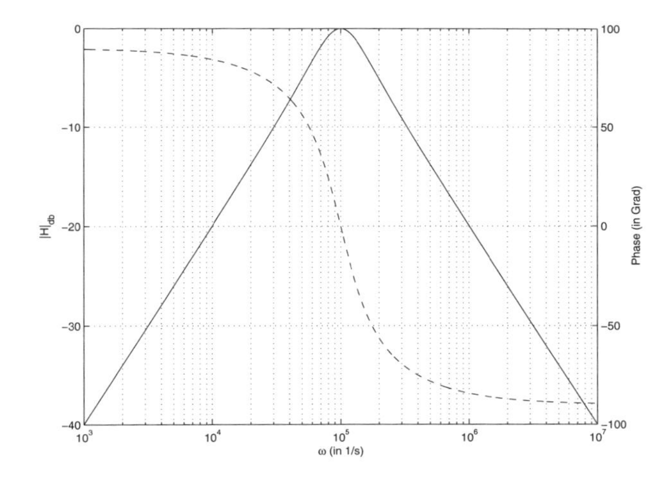

Abb. 3.10: *Bodediagramme in einem Bild*

Es ist auch möglich zwei Graphen mit verschiedenen Skalierungen in ein Bild zu zeichnen, etwa den Amplitudengang und den Phasengang. Das Programm lautet wie folgt

```
R=10;C=10∧(-6); L=10∧(-4);
w=logspace(3,7,1001);
H=R./(R+j*(w*L-1./(w*C)));
%
y1=20*log10(abs(H));
y2=angle(H)*180/pi;
%
[AX,H1,H2]=plotyy(w,y1,w,y2,'semilogx')
set(get(AX(1),'Ylabel'),'String','|H|_{db}')
set(get(AX(2),'Ylabel'),'String','Phase (in Grad)')
%
set(H1,'LineStyle','-')
set(H2,'LineStyle','--')
xlabel('\omega (in 1/s)')
grid
```

Mit der Fragezeichenhilfe zu `plotyy` findet man Erläuterungen zum Programm.

- **Balkendiagramme**

  Ein Balkendiagramm kann man wie folgt bekommen

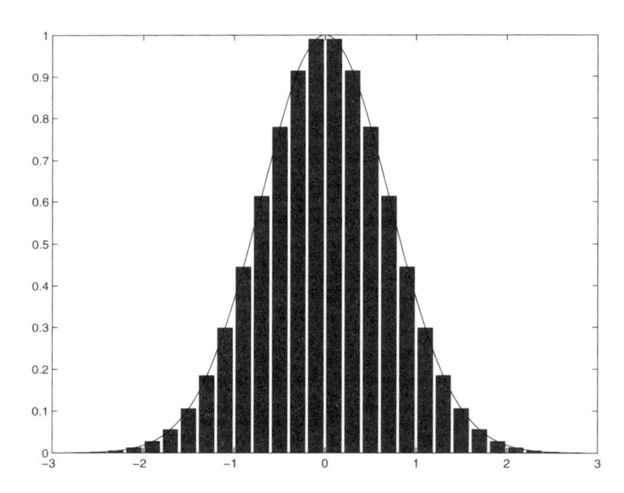

Abb. 3.11: *Balkendiagramm*

```
% Balkendiagramm
x=-2.9:0.2:2.9;
bar(x,exp(-x.*x));
hold on
x1=-2.9:0.02:2.9;
```

```
plot(x1,exp(-x1.*x1),'r-')
hold off
```

Die Anzahl der Balken wird durch die Anzahl der Elemente des Vektors `x` definiert. Für ähnliche Diagramme ziehe man die Hilfe zu `bar` heran.

- **3-dimensionale Diagramme**

  Kurven im Raum wie etwa die Kurve, die eine Spiralfeder erzeugt, können leicht mit MATLAB gezeichnet werden.

```
% Raumkurve
phi=0:0.01:6*pi;
plot3(cos(phi),sin(phi),phi)
```

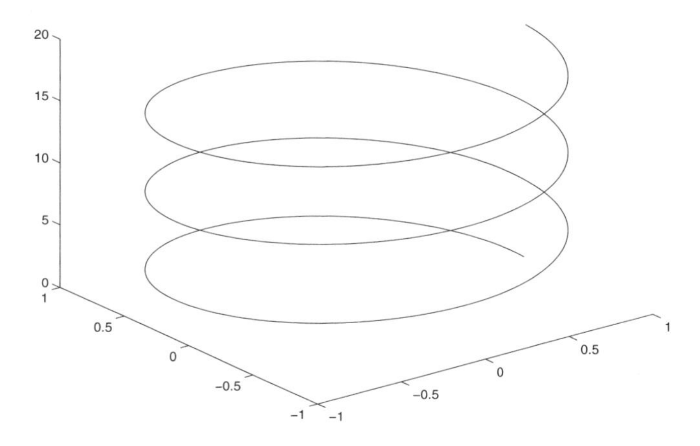

Abb. 3.12: *Raumkurve*

Eine Fläche im Raum bekommt man mit

```
% Sattelflaeche
[X,Y]=meshgrid(-3:0.2:3,-3:0.2:3);
Z=X.*Y;
mesh(X,Y,Z)
xlabel('x')
ylabel('y')
zlabel('z=x*y')
```

Die Höhenlinien zur Sattelfläche erhält man mit

```
% Hoehenlinie
[X,Y]=meshgrid(-3:0.02:3,-3:0.02:3);
Z=X.*Y;
contour(X,Y,Z)
[C,h]= contour(X,Y,Z);
clabel(C,h)
```

Die Höhenlinien $xy = c = konstant$ sind Hyperbeln für $c \neq 0$. Für $c = 0$ sind die Achsen die Höhenlinien, da die Funktion $f(x,y) = xy$ auf den Achsen den Wert 0 hat.

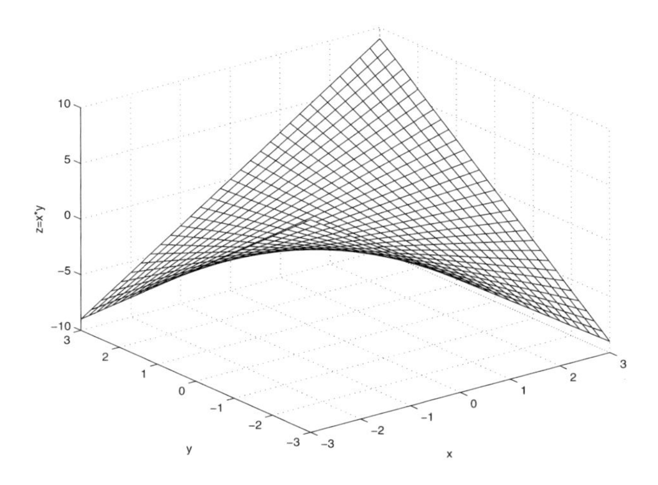

Abb. 3.13: *Sattelfläche*

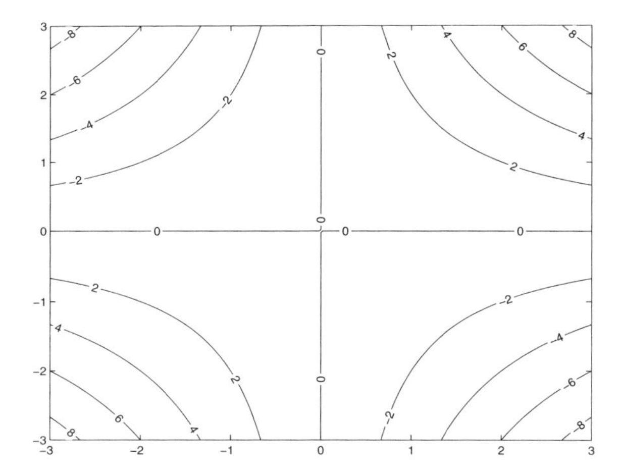

Abb. 3.14: *Höhenlinien*

3.1.4 Graphisch differenzieren und integrieren

Will man eine Funktion $f(x)$ (hier: $cos(x)$) im Intervall $[a, b]$ graphisch differenzieren, so kann man etwa

```
% Graphisch differenzieren
%
% Die Zeilen mit 3 Kommentarzeichen %%% anpassen
a=0;                 %%% Anfangswert
b=2*pi;              %%% Endwert
h=(b-a)/10000;         % Schrittweite
x=a:h:b;
y=cos(x);            %%% zu differenzierende Funktion
if h<=0,
   error('Anfangswert muss kleiner als Endwert sein'),
end
yStrich=diff(y)/h;
xkurz=x([1:(length(x)-1)]);
plot(x,y,'r-',xkurz,yStrich,'b-')
legend('Funktion','1.Ableitung',4)
```

verwenden. Es ist

$$diff(y) = [f(x_2) - f(x_1), f(x_3) - f(x_2), ..., f(x_n) - f(x_{n-1})],$$

wenn

$$y = [f(x_1), f(x_2), f(x_3), ..., f(x_n)]$$

gilt. $diff(y)$ ist also ein Vektor, der ein Element weniger enthält als der Vektor y. Daher muss zur Skizze der Funktion $diff(y)/h$ der zugehörige Vektor x angepasst werden (zu $xkurz$). Eine Alternative zu $xkurz = x([1 : (length(x) - 1)])$ wäre $xkurz = a : h : b - h$. Wegen

$$f'(x) = \lim_{h \to 0} \frac{f(x+h) - f(x)}{h}$$

ist $diff(y)/h$ für den Ableitungsvektor $[f'(x_1), f'(x_2), ..., f'(x_{n-1})]$ eine gute Näherung, insbesondere wenn h klein ist. Die Zeile `if...` verhindert unsinnige Eingaben. Für eine Beschreibung des `if`-Befehls beachte man Kapitel 3.3.1. Im `plot`-Befehl können mehrere Dreierpakete (hier zwei) stehen. Alternativ könnte man auch schreiben

```
plot(x,y,'r-')
hold on
plot(xkurz,yStrich,'b-')
hold off
```

Will man eine Funktion $f(x)$ (hier: $cos(x)$) im Intervall $[a, b]$ graphisch integrieren, so kann man etwa

```
% Graphisch integrieren
%
% Die Zeilen mit 3 Kommentarzeichen %%% anpassen
a=0;                %%% Anfangswert
b=2*pi;             %%% Endwert
h=(b-a)/10000;       % Schrittweite
x=a:h:b;
y=cos(x);           %%% zu integrierende Funktion
if h<=0,
   error('Anfangswert muss kleiner als Endwert sein'),
end
yInt=h*(cumsum(y)-y(1));
plot(x,y,'r-',x,yInt,'b-')
legend('Funktion','Stammfunktion F mit F(a)=0',4)
```

verwenden. Ist

$$y = [f(x_1), f(x_2), f(x_3), ..., f(x_n)],$$

so gilt

$$cumsum(y) = [f(x_1), f(x_1) + f(x_2), f(x_1) + f(x_2) + f(x_3), ..., \sum_{k=1}^{n} f(x_k)].$$

Der r-te Term des Vektors $h*(cumsum(y)-y(1))$ ist eine gute Näherung für $\int_a^{x_r} f(x)\,dx$. (Man nähere die durch das Integral gegebene Fläche durch Rechtecke der Breite h und Höhe $f(x_2), f(x_3), ..., f(x_r)$ an und beachte $y(1) = f(x_1)$). Um unter allen Stammfunktionen F diejenige mit $F(a) = 0$ zu bekommen, zieht man die erste Rechtecksfläche ab (Korrektur mit $-y(1)$).

3.1.5 Lineare Gleichungssysteme

Lineare Gleichungssysteme wurden ausführlich in Kapitel 2.4 behandelt. Hier ist ein script file, mit dem festgestellt werden kann, von welcher Art ein gegebenes lineares Gleichungssystem ist und wie eine (die) Lösung lautet, falls Lösbarkeit vorliegt.

Angepasst werden müssen die Matrix A und der Vektor b.

```
% Lineare Gleichungssysteme loesen
%
A=[1,2,3;4,5,6;7,8,0]; % Koeffizientenmatrix
b=[1;2;3];             % Inhomogenitaet
%
if size(A,1)~=size(b,1),
   error('Zeilenanzahl von A und b verschieden')
end
%
```

```
if size(b,2)~=1
   error('b muss ein Spaltenvektor sein')
end
%
if rank(A)==rank([A,b]),
   disp('Lineares Gleichungssystem ist loesbar.'),
else
   error('Lin Gls unloesbar, da Rang(A) ~= Rang([A,b]).'),
end
%
if rank(A)==size(A,2)
   disp('Lin Gls ist eindeutig loesbar mit')
   x=A\b
else
   disp('Lin Gls ist nicht eindeutig loesbar.')
   disp('Eine Loesung lautet:')
   x=pinv(A)*b
end
```

Hier noch einige Erläuterungen zum script file.

Statt `A\b` hätte man auch `x=pinv(A)*b` verwenden können.

Man beachte, dass bereits `rank(A)==rank([A,b])` erfüllt ist, falls das Programm an der Stelle `if rank(A)==size(A,2)` ankommt, sonst wäre das Programm nämlich mit der Fehlermeldung `error('Lin Gls unloesbar, da Rang(A)~=Rang([A,b]).')` bereits beendet worden.

Der Befehl `if` wird ausführlich in Kapitel 3.3.1 besprochen. `disp('...')` gibt die in Hochkomma stehende Zeichenkette im MATLAB Command Window aus. `error('...')` gibt ebenfalls die in Hochkomma stehende Zeichenkette als Fehlermeldung im MATLAB Command Window aus und beendet anschließend das Programm.

3.2 Function Files

Im Kapitel 3.1 (Script Files) haben wir mehrere Kommandos in eine Datei geschrieben und diese Datei dann ausgeführt. Die Datei war statisch, konnte also nicht parameterabhängig wie ein Unterprogramm aufgerufen werden. In diesem Abschnitt sollen solche parameterabhängige Dateien – in MATLAB *function files* genannt – beschrieben werden. Diese Unterprogramme können dann der umfangreichen MATLAB-Bibliothek hinzugefügt werden. Function files können nur dann ausgeführt werden, wenn sie im Current Directory oder einem Verzeichnis gespeichert sind, das im MATLAB-Pfad liegt.

Prinzipiell wird ein function file erstellt wie ein script file. Es muss nur geregelt werden, wie Eingangsgrößen (Input) in das function file hinein und Rückgabegrößen (Output) aus dem function file heraus gebracht werden. Dies geschieht wie folgt. Die erste

Zeile eines function files abgesehen von Kommentarzeilen muss mit dem Schlüsselwort `function` beginnen und hat die Struktur

function [Aus1,Aus2,...,Ausm]=Funktionsname(Ein1,Ein2,...,Einn)

Hierbei sind *Aus1,Aus2,...,Ausm* die Rückgabegrößen. Diese müssen in eckigen Klammern stehen. Gibt es nur eine Rückgabegröße, können diese eckigen Klammern entfallen. Die Eingangsgrößen *Ein1,Ein2,...,Einn* müssen in runden Klammern direkt im Anschluss an den Funktionsnamen stehen.[7] Rückgabegrößen und Eingangsgrößen sind (jedenfalls zunächst) Matrizen mit Zahlen. Um Verwechslungen zu vermeiden sei empfohlen, dass der Funktionsname mit dem Namen übereinstimmen sollte, unter dem das function file im Betriebssystem abgelegt ist. Erwähnt sei schließlich noch, dass das function file im MATLAB-Pfad oder im Current Directory liegen sollte.

Der Aufruf der function files erfolgt wie bei script files aus der MATLAB-Bibliothek. So hat etwa die Funktion `sin` eine Eingangsgröße und eine Rückgabegröße. Ein Aufruf lautet etwa

```
>> y = sin(1);     % Ein1 = 1, Aus1 = y
```

Schließlich soll auf einen wesentlichen Unterschied zwischen script und function files aufmerksam gemacht werden. Während Variable in script files stets *global* sind, also auch außerhalb des script files bekannt sind, sind Variable in function files *lokal*, also nur innerhalb des function files bekannt.

3.2.1 Function Files erstellen

Technisch geht das wie bei script files (⟶ Kapitel 3.1.1). Ein function file, um das geometrische Mittel zweier Zahlen zu berechnen, könnte etwa wie folgt aussehen

```
% Geometrisches Mittel berechnen
% Input:  a,b positive Zahlen
% Output: Geometrisches Mittel aus a und b
function Mittelwert=GeoMittelBerechnen(a,b)
Mittelwert=sqrt(a*b); % Strichpunkt unterdrueckt Ausgabe
```

Diese Datei sei unter dem Namen `GeoMittelBerechnen.m` gespeichert.

Der Rückgabegröße `Mittelwert` in der *Vereinbarungszeile* – das ist die Zeile, die mit dem Schlüsselwort `function` beginnt – muss innerhalb des *Anweisungsteils des Programms* – das ist der Teil nach der Vereinbarungszeile – wenigstens einmal eine Matrix[8] zugewiesen werden. Schließt man die Zeilen im Anweisungsteil nicht mit einem Strichpunkt ab, werden bei Ausführung des function files die Ergebnisse dieser Zeilen im Command Window ausgegeben.[9]

[7] Zur Wahl von Funktionsnamen gilt das bereits in Kapitel 3.1.1 bei script files Gesagte.

[8] Zur Erinnerung: Zahlen werden in MATLAB als Matrizen aufgefasst.

[9] Zur Fehlersuche in function files kann es hilfreich sein, mitunter keinen Strichpunkt zu setzen, um sich Zwischenergebnisse im Command Window anschauen zu können.

Um das geometrische Mittel aus 2 und 18 zu berechnen, lautet der Aufruf des function files etwa wie folgt

```
>> mittel = GeoMittelBerechnen(2,18)
```

MATLAB antwortet mit

```
mittel =
  6
```

Schreibt man nur

```
>> GeoMittelBerechnen(2,18)
```

so antwortet MATLAB mit

```
ans =
  6
```

Der Versuch, nun mit

```
>> Mittelwert
```

auch das geometrische Mittel zu erhalten, schlägt fehl, wie man der Fehlermeldung

```
Undefined function or variable 'Mittelwert'.
```

entnimmt. Man beachte, dass Mittelwert ein Bezeichner innerhalb eines function files ist. Mittelwert ist also eine *lokale Variable* und steht somit außerhalb des function files nicht zur Verfügung.

Die Kommentare scheinen reichlich überflüssig zu sein, dienen jedoch den folgenden Erläuterungen. Nach Eingabe des Befehls

```
>> help GeoMittelBerechnen
```

erhält man im Command Window alle Kommentarzeilen *vor* dem Schlüsselwort `function`. Solche Kommentare können bei einer umfangreichen Sammlung selbsterstellter function files hilfreich sein.

Die erste Kommentarzeile sollte mit wenigen Worten die Aufgaben des Programms beschreiben. Sie wird aus folgendem Grund oft *h1 line* (header 1 line) genannt. Setzt man den Befehl

```
>> lookfor Geometrisch
```

ab, so sucht MATLAB in allen function files, die in der Standard-MATLAB-Bibliothek im MATLAB-Pfad oder im Current Directory liegen, nach der Zeichenkette *Geometrisch*, aber nur in der *h1 line*. So kann man Funktionen, deren Namen man nicht genau kennt, leicht auffinden.

Benutzerfreundlich programmieren

Dieses Thema kann hier natürlich keineswegs erschöpfend behandelt werden. Zuvor wurde bereits erläutert, welche Rolle Kommentare vor dem Schlüsselwort `function` für einen Anwender spielen können. Jetzt soll das Programm `GeoMittelBerechnen.m` etwas genauer betrachtet werden. Die Eingangsgrößen sollen (nach Kommentar) positive Zahlen sein, in der Sprache von MATLAB also Matrizen vom Typ (1,1). Der Befehl

```
>> GeoMittelBerechnen(-2, -18)
```

würde ohne Fehlermeldung ausgeführt werden mit dem Ergebnis 6, obwohl die Berechnung des Geometrischen Mittels zweier Zahlen eigentlich auf positive reelle Zahlen beschränkt sein sollte. Ebenso würde

```
>> GeoMittelBerechnen([-2, 1; i, 2], [1, 2; 3, 4])
```

ein Ergebnis liefern, das aber wohl kaum erwünscht wäre. Hingegen würde der Befehl

```
>> GeoMittelBerechnen([1, 2], [3, 4])
```

die Fehlermeldung

```
??? Error using ==> mtimes
Inner matrix dimensions must agree.

Error in ==> GeoMittelBerechnen at 5
Mittelwert = sqrt(a * b); Strichpunkt unterdrueckt Ausgabe
```

liefern. (Die Matrizen $[1, 2]$ und $[3, 4]$ können natürlich nicht multipliziert werden.)

Denkt man jedoch an die Philosophie von MATLAB, komponentenweise zu arbeiten, so würde man erwarten, dass das geometrische Mittel komponentenweise berechnet wird. Das Programm `GeoMittelBerechnen.m` wird nun in diesem Sinne umgeschrieben und durch Abfragen ergänzt, so dass unsinnige Eingaben zu einem kontrollierten Abbruch mit Fehlermeldung führen. Ein solches Programm `GeoMittelBerechnenNeu.m` könnte etwa wie folgt aussehen.

```
% Geometrisches Mittel komponentenweise berechnen
%
% Input: a,b Matrizen gleichen Typs mit pos. Elementen
% Output: Matrix mit komponentenw. geom. Mittel aus a und b
%
function Mittelwert=GeoMittelBerechnenNeu(a,b)
%
% Abfangen unsinniger Eingaben
%
if (size(a)==size(b))
else
   error('Matrizen a und b nicht vom gleichen Typ'),
end
if (imag(a)==0)
else
   error('Matrix a enthaelt komplexe Elemente'),
end
if (imag(b)==0)
else
   error('Matrix b enthaelt komplexe Elemente'),
end
%
if (any(any(a<0)))
   error('a enthaelt negative Elemente'),
end
if (any(any(b<0)))
   error('b enthaelt negative Elemente'),
end
%
% Mittelwertberechnung
%
Mittelwert=sqrt(a.*b);   % Strichpunkt nicht vergessen
```

Der Vergleich mit Matrizen wird in MATLAB anders behandelt als vielleicht erwartet. Für Einzelheiten sei auf Kapitel 3.3.1 hingewiesen. Erwähnt sei an dieser Stelle, dass

```
if (imag(a)~=0)
   error('Matrix a enthaelt komplexe Elemente'),
end
```

nicht dasselbe leistet wie

```
if (imag(a)==0)
else
   error('Matrix a enthaelt komplexe Elemente'),
end
```

Man teste das Programm etwa mit

```
>> GeoMittelBerechnenNeu([i, 1], [1, 2])
```

Während im ursprünglichen Programm hier eine Fehlermeldung kommt, wird das geänderte Programm mit `if (imag(a)~=0)` ... ausgeführt!

Erwähnenswert ist an dieser Stelle auch, dass der Anweisungsteil im `if`- Zweig leer sein darf.

3.2.2 Funktionen als Parameter

In MATLAB können nicht nur Matrizen sondern auch Funktionen als Parameter auftreten. In der englischsprachigen Literatur spricht man von function functions. Erläutert wird die Funktionsübergabe anhand der Trapezformel.

Ziel ist die näherungsweise Berechnung des Integrals $\int_a^b f(x)\,dx$ mit der Trapezformel.

Ist n eine natürliche Zahl , $h = \frac{b-a}{n}$ und $x_k = a + hk$, $k = 0, 1, ..., n$ eine äquidistante Zerlegung des Intervalls $[a, b]$ in n Teilintervalle, so gilt

$$\int_a^b f(x)\,dx = h\Big(\frac{f(a)+f(b)}{2} + \sum_{k=1}^{n-1} f(x_k)\Big) + R_h\,,$$

wobei R_h die Abweichung zwischen der Näherung $h(\frac{f(a)+f(b)}{2} + \sum_{k=1}^{n-1} f(x_k))$ für das Integral und dem Integral beschreibt. R_h wird betragsmäßig klein, wenn h klein wird.[10]

In einem function file `Trapez1.m` soll der Term der rechten Seite der Trapezformel (ohne R_h) berechnet werden. Dabei sollen a, b und f Eingangsgrößen sein. Bisher hatten wir als Eingangsgrößen nur Matrizen, jetzt erstmals eine Funktion.

```
% Trapezregel1
% Input:  zu integrierende Funktion f;
%         Integrationsgrenzen a,b
% Output: Wert des Integrals
function Wert=Trapez1(f,a,b)
h=(b-a)/1000;
x=a+h:h:b-h;
Wert=h*((feval(f,a)+feval(f,b))/2 + sum(feval(f,x)));
```

`feval(f,x)` wertet die Funktion f an der Stelle x aus. Ist x eine Matrix, so erfolgt die Auswertung komponentenweise. Man beachte, dass bei obigem Programm nicht überprüft wird, ob a, b reelle Zahlen sind. Bevor man das function file ausführen kann, muss natürlich f definiert werden. Dazu benötigt man ein weiteres function file, `Testfunktion1.m` genannt.

```
% Testfunktion1
% Input: auszuwertende Stelle
% Output:Funktionswert
```

[10] Einzelheiten zu R_h in [8]

```
function y=Testfunktion1(x)
y=sin(x.∧ 2);
```

Nun wird mit dem Aufruf[11]

$$\gg \texttt{Integral} = \texttt{Trapez1('Testfunktion1'}, 0, 1)$$

$\int_0^1 sin(x^2)\, dx$ näherungsweise berechnet und der Variablen `Integral` zugewiesen. MATLAB antwortet mit

```
Integral =
  0.3103
```

Alternativ[12] kann der Aufruf auch

$$\gg \texttt{Integral} = \texttt{Trapez1(@Testfunktion1}, 0, 1)$$

lauten.

In der MATLAB-Bibliothek gibt es natürlich function files zur numerischen Integration. So liefert etwa

$$\gg \texttt{Integral} = \texttt{quad('Testfunktion1'}, 0, 1)$$

im format short denselben Wert für `Integral` wie der Aufruf mit dem function file `Trapez1.m`.

Im Vordergrund dieses Abschnitts sollte aber die Übergabe von Funktionen in function files stehen, weniger die numerische Integration.

Die MATLAB-Funktion nargin

Im Programm `Trapez1.m` wurde die Schrittweite fest gewählt. Dies ist zumindest fragwürdig, da eine zu große Schrittweite ein ungenaues Ergebnis liefert. Es soll nun ein function file `Trapez2.m` erstellt werden, das es dem Benutzer ermöglicht, einen weiteren Parameter einzugeben, `Abweichung` genannt, mit dem der Rest kontrolliert werden kann.

```
% Trapezregel2
% Input:  zu integrierende Funktion f;
%         Integrationsgrenzen a,b;
%         Abweichung zur Kontrolle des Rests
% Output: Wert des Integrals;
%         Schrittweite
```

[11] Beide files müssen im MATLAB-Pfad oder im Current Directory liegen.

[12] erst ab MATLAB Release 12

```
function [Wert,Schrittweite]=Trapez2(f,a,b,Abweichung)
%%% if nargin ~= 4, Abweichung=0.001; end
if Abweichung<=0, error('Abweichung muss positiv sein'), end
%
% Initialisierung %
%
Wert1=(b-a)*(feval(f,a)+feval(f,b))/2;
h=(b-a)/10;
delta=Abweichung+1;    % also delta>Abweichung
%
% Schleife %
%
while (delta>Abweichung)
    x=a+h:h:b-h;
    Wert2=h*((feval(f,a)+feval(f,b))/2 + sum(feval(f,x)));
    delta=abs(Wert2-Wert1);
    Wert1=Wert2;
    h=h/10;
end
%
Wert=Wert2;
Schrittweite=h;
```

Die `while`-Schleife ($\longrightarrow$ Kapitel 3.3.2) wird solange durchlaufen, bis die Bedingung `delta>Abweichung` verletzt ist. Im Abschnitt Initialisierung des Programms wird ein erster Näherungswert für das Integral (`Wert1`), eine erste Schrittweite `h` für die Schleife und eine Größe `delta` zur Kontrolle der Schleifendurchläufe berechnet. Die `while`-Schleife wird wenigstens einmal durchlaufen, da die Bedingung auf Grund der Initialisierung anfänglich erfüllt ist. Man beachte, dass bei Eingabe einer nicht positiven Abweichung das Programm vorzeitig mit einer Fehlermeldung verlassen wird. Innerhalb der Schleife wird zunächst ein neuer Näherungswert (`Wert2`) für das Integral ausgerechnet. Aus dem Vergleich mit dem alten Näherungswert (`Wert1`) wird eine neue Toleranz `delta` bestimmt, `Wert1` nun mit `Wert2` überschrieben und `h` verkleinert. Ist bereits `delta≤Abweichung`, so wird das Programm mit den beiden Zuweisungen für die Rückgabegrößen außerhalb der Schleife beendet. Anderenfalls wird die Schleife wieder durchlaufen.

Aufgerufen wird nun etwa mit

```
>> format long
>> [Integral, Schritt] = Trapez2('Testfunktion1', 0, 1, 0.0001)
```

und MATLAB antwortet mit

```
Integral =
    0.310268391773786
```

```
Schritt =
  1.000000000000000e - 004
```

Ist man an der Schrittweite und einer Ausgabe nicht interessiert, so gibt man[13]

```
>> Integral = Trapez2('Testfunktion1', 0, 1, 0.0001);
```

ein.

Für den Benutzer ist es möglicherweise unangenehm, jedesmal die Abweichung eingeben zu müssen. Häufig wird er sich mit einem vordefinierten Wert für Abweichung zufrieden geben, etwa `Abweichung=0.001`. Mit dem Befehl `nargin` (number of arguments input) kann die Anzahl der Eingangsgrößen beim Aufruf variiert werden. Aktiviert man etwa die Zeile mit den drei Kommentarzeichen durch Löschen dieser drei Zeichen im Programm `Trapez2.m`, so kann das Programm aufgerufen werden mit

```
>> [Integral, Schritt] = Trapez2('Testfunktion1', 0, 1)
```

und man erhält

```
Integral =
  0.310277306962094

Schritt =
  1.000000000000000e - 003
```

Der Aufruf mit

```
>> [Integral, Schritt] = Trapez2('Testfunktion1', 0, 1, 0.000005)
```

liefert

```
Integral =
  0.310268302623885

Schritt =
  1.000000000000000e - 005
```

Im ersteren Fall wird `Abweichung = 0.001` verwendet (vordefiniert im Programm). Im zweiten Fall wird `Abweichung = 0.000005` mit übergeben.

Die Funktionen `quad` und `quadl` der Standard-MATLAB-Bibliothek haben als vierte Eingangsgröße (optional) ebenfalls eine Abweichung, dort Toleranz genannt.[14] Man schreibt etwa

```
>> Integ = quad('Testfunktion1', 0, 1, 0.000005);
```

[13] zur Erinnerung: *eine* Rückgabegröße muss nicht in eckigen Klammern stehen.
[14] ⟶ Kapitel 2.6.3

3.2.3 Fourierreihen

Eine T-periodische stückweise stetig differenzierbare Funktion $f(t)$ lässt sich bekanntlich in eine Fourierreihe entwickeln, in Formeln

$$f(t) \sim \frac{a_0}{2} + \sum_{k=1}^{\infty} \left(a_k \cos(k\omega t) + b_k \sin(k\omega t)\right) , \tag{3.1}$$

wobei $\omega = \frac{2\pi}{T}$ gilt. Die Fourierkoeffizienten a_k, b_k berechnet man mit

$$a_k = \frac{2}{T} \int_{-\frac{T}{2}}^{\frac{T}{2}} f(t) \cos(k\omega t)\, dt \quad , \quad k = 0, 1, 2, ...$$

$$b_k = \frac{2}{T} \int_{-\frac{T}{2}}^{\frac{T}{2}} f(t) \sin(k\omega t)\, dt \quad , \quad k = 1, 2, ...$$

In (3.1) kann $\sim$ (das Zeichnen für 'hat die Fourierreihe') an Stetigkeitsstellen der Funktion f durch Gleichheit ersetzt werden. An Unstetigkeitsstellen t_u ist der Grenzwert der rechten Seite von (3.1)

$$\lim_{h\to 0} \frac{f(t_u + h) + f(t_u - h)}{2}$$

also das arithmetische Mittel aus rechts- und linksseitigem Grenzwert der Funktion f in t_u.

Bricht man die unendliche Reihe bei der natürlichen Zahl n ab, so erhält man die n-te Partialsumme

$$s_n(t) := \frac{a_0}{2} + \sum_{k=1}^{n} (a_k \cos(k\omega t) + b_k \sin(k\omega t)),$$

also eine stetige Funktion $s_n(t)$. Versucht man nun die Funktion $f(t)$ mit $s_n(t)$ zu approximieren, so tritt in der Nähe der Unstetigkeitsstellen das *Gibbs'sche Phänomen* des Überschwingens auf.

Nachfolgend ist ein function file gegeben, das $s_n(t)$ über t zeichnet mit Eingangsgröße n für die 2π-periodische Funktion $f(t) = t$, $t \in [-\pi, \pi[$. Funktion $f(t)$ und $s_n(t)$ werden in $[0, 2\pi]$ skizziert. Die Fourierkoeffizienten a_k und b_k könnten numerisch mit der MATLAB-Funktion `quad` bestimmt werden. Im vorliegenden Beispiel sind sie jedoch bekannt. Es gilt

$$a_k = 0 \ , \ b_k = 2\frac{(-1)^{k+1}}{k} .$$

Daher ist

$$s_n(t) := 2\sum_{k=1}^{n} \frac{(-1)^{k+1}}{k} \sin(kt).$$

Das function file `GibbsPhaenomen.m` sieht nun wie folgt aus.

```
% Fourierreihe zur Kippspannung
% Input:  Ordnung n der Partialsumme
% Output: Fenster mit Graphik
function y=GibbsPhaenomen(n)
t=0:0.002:2*pi;
%
sn=zeros(size(t));        % Initialisierung sn(t)
for k=1:n
     sn=sn+2*(-1)∧(k+1)*sin(k*t)/k;
end
plot(t,sn)
%
hold on
u=[0,pi]; v1=[pi,2*pi]; v2=[-pi,0];
plot(u,u,':',v1,v2,':')     % Funktion f
%
w1=[0,7]; w2=[0,0];
plot(w1,w2,'--')     % t-Achse
%
text(3.2,3.5,'Gibbs'sches Phaenomen')
title(['Kippspannung und Partialsumme der Ordnung '...
          int2str(n)])
xlabel('t')
ylabel('f(t),sn(t)')
legend('sn(t)','f(t)',3); legend('boxoff')
hold off
```

Gestartet wird das function file im MATLAB Command Window mit

≫ `GibbsPhaenomen(20)`

um die Partialsumme der Ordnung 20 zu erhalten.

Eine Rückgabegröße muss nicht zugeordnet werden, da wir keine Daten aus dem function file exportieren wollen. Das function file kann nicht mit den im Kapitel 3.1.1 beschriebenen Methoden gestartet werden, da `GibbsPhaenomen.m` ein function file ist, dem beim Aufruf eine Eingangsgröße mitgegeben werden muss.

Wer einen Ausschnitt des Bildes vergrößern will, um das Überschwingen beim Gibbschen Phänomen detaillierter betrachten zu können, kann im Figure-1-Fenster in der zweiten Menüzeile das Symbol Lupe mit dem Pluszeichen (*Zoom In*) anklicken und danach mit dem Mauszeiger an die Stelle gehen, an der $s_n(t)$ maximal wird. Durch

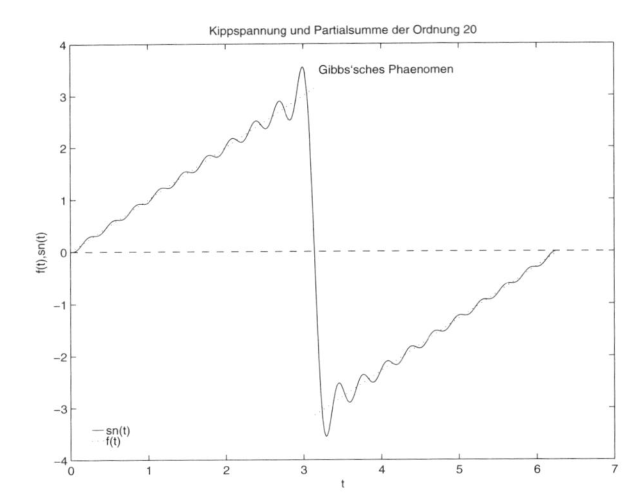

Abb. 3.15: *Gibbs'sches Phänomen*

(mehrfaches) Klicken mit der linken Maustaste wird nun eine Ausschnittvergrößerung gezeichnet. Um wieder zu verkleinern, klickt man auf das Symbol Lupe mit dem Minuszeichen (*Zoom Out*), bewegt den Mauszeiger auf eine beliebige Stelle der Graphik und klickt mehrfach mit der linken Maustaste.

3.2.4 Numerische Lösung von Differentialgleichungen

MATLAB stellt unter dem Stichwort 'solver' eine Vielzahl numerischer Verfahren zur Lösung von Differentialgleichungen bereit. Hier soll nur ein Verfahren besprochen werden, ein Runge-Kutta-Verfahren, welches in MATLAB mit dem Befehl `ode45` realisiert wird. Syntaktisch sind die anderen Verfahren ähnlich.

Zunächst werden nur explizite gewöhnliche

Differentialgleichungen erster Ordnung

behandelt, etwa

$$y' = f(x, y) \quad \text{mit} \quad y(x_0) = y_0.$$

Zur numerischen Lösung der Differentialgleichung benötigt man also die Funktion f sowie die Anfangswerte x_0 und y_0. Dies reicht aber nicht. Da man numerisch löst, braucht man nicht nur den Anfangswert x_0, sondern auch einen x-Wert, der das Ende der Integration festlegt, etwa x_{ende} genannt.

Vorgegeben sei etwa die Differentialgleichung

$$y' = -2xy \quad \text{mit} \quad y(0) = 1.$$

Es ist also $f(x, y) = -2xy$, $x_0 = 0$ und $y_0 = 1$. Gewählt wird $x_{ende} = 2$ und gesucht wird (graphisch) die Lösungsfunktion $y(x)$.

Das folgende script file `DglOrd1Loes.m` löst die Differentialgleichung und zeichnet die Lösungsfunktion

```
% Loesung Dgl 1.Ordnung
% Input:  Differentialgleichung DglOrd1
% Output: Fenster mit Lösungsfunktion
x0=0;
xende=2;
y0=1;
[x,y]=ode45('DglOrd1',[x0,xende],y0);
plot(x,y)
xlabel('x')
ylabel('y')
```

Natürlich fehlt hier noch die Definition der Differentialgleichung. Dies geschieht im function file `DglOrd1.m`

```
% Definition Dgl 1.Ordnung
% Input:  Argumente x,y der Funktion
% Output: Funktionswert
function yStrich=DglOrd1(x,y)
yStrich=-2*x*y;
```

Führt man nun das script file aus, so wird der Graph der Lösungsfunktion gezeichnet.[15]

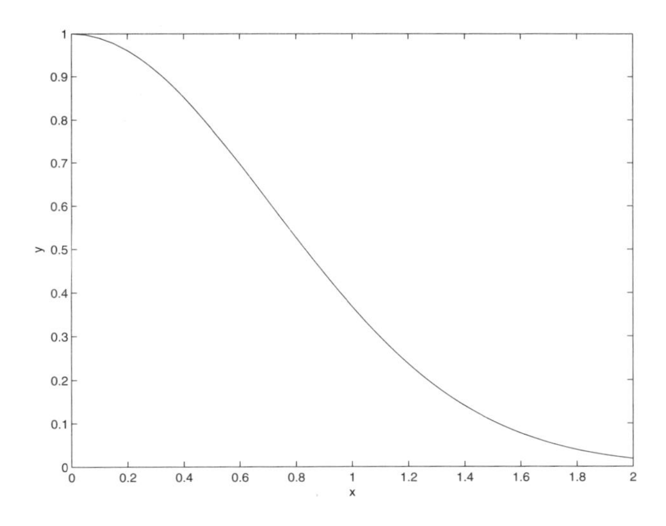

Abb. 3.16: *Lösung der Differentialgleichung* $y' = -2xy, y(0) = 1$

[15]Die Lösung der vorgelegten Differentialgleichung kann übrigens explizit angegeben werden. Sie lautet $y(x) = e^{-x^2}$.

Will man eine andere Differentialgleichung lösen, so muss im function file die letzte Zeile geändert und im script file müssen (gegebenenfalls) die ersten drei Nichtkommentarzeilen geändert werden. Tatsächlich können function file und script file auch zu einer Datei zusammengefasst werden, etwa

```
x0=0;
xende=2;
y0=1;
f= @(x,y) -2*x.*y;   % Definition der Dgl als anonyme Funktion
[x,y]=ode45(f,[x0,xende],y0);
plot(x,y);
xlabel('x')
ylabel('y')
```

Differentialgleichungen zweiter Ordnung

In ihrer allgemeinen Form lautet die explizite gewöhnliche Differentialgleichung zweiter Ordnung

$$y'' = f(x, y, y') \quad \text{mit} \quad y(x_0) = y_{01}, y'(x_0) = y_{02}.$$

Zur numerischen Lösung der Differentialgleichung schreibt man diese Differentialgleichung in ein System von Differentialgleichungen erster Ordnung um. Mit der Vereinbarung $y_1 = y$ lautet das System von Differentialgleichungen

$$y_1' = y_2 \ , \ y_2' = f(x, y_1, y_2) \quad \text{mit} \quad y_1(x_0) = y_{01} \ , \ y_2(x_0) = y_{02}.$$

Man benötigt zur numerischen Lösung also die Funktion f, die Anfangswerte x_0, y_{01} und y_{02} und wiederum einen Endwert x_{ende}. Vorgegeben sei etwa die folgende Differentialgleichung[16]

$$y'' - (1 - y^2)y' + y = 0 \quad \text{mit} \quad y(0) = 1 \ , \ y'(0) = 2.$$

Es ist also $f(x, y, y') = (1 - y^2)y' - y$, $x_0 = 0$, $y_{01} = 1$ und $y_{02} = 2$. Gewählt wird nun $x_{ende} = 20$ und gesucht wird (graphisch) die Lösungsfunktion $y(x)$. Das script und das function file für Differentialgleichungen erster Ordnung können fast vollständig übernommen werden. Das neue script file `DglOrd2Loes.m` lautet

```
% Loesung Dgl 2.Ordnung
% Input:  System Differentialgleichung DglOrd2
% Output: Fenster mit Lösungsfunktion
x0=0;
xende=20;
y01=1;
y02=2;
[x,y]=ode45('DglOrd2',[x0,xende],[y01,y02]);
plot(x,y)
```

[16] van der Pol'sche Differentialgleichung

```
xlabel('x')
ylabel('y,y'')
```

Das function file DglOrd2.m lautet

```
% Definition Dgl 2.Ordnung
% Input:  Argumente x,y der Funktion
% Output: Funktionswert
function yStrich=DglOrd2(x,y)
yStrich=zeros(2,1);
yStrich=[y(2);(1-y(1)∧2)*y(2)-y(1)];
```

Führt man nun das script file aus, so werden die Lösungsfunktion und ihre Ableitung in ein Diagramm gezeichnet.

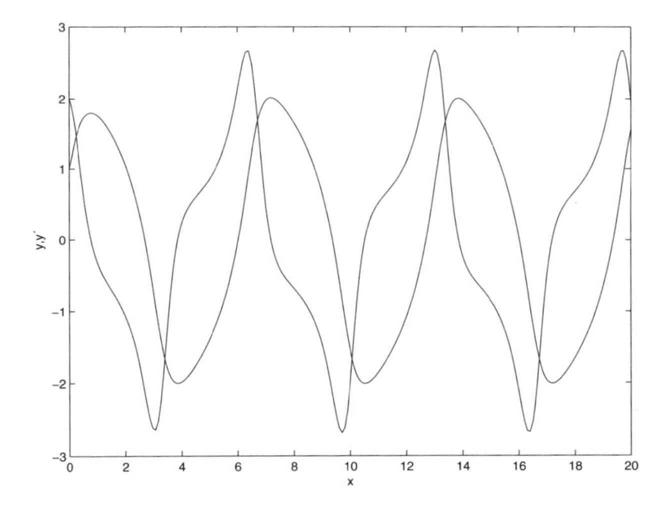

Abb. 3.17: *Lösung der Differentialgleichung* $y'' - (1 - y^2)y' + y = 0, y(0) = 1, y'(0) = 2$

Will man nur die Lösungsfunktion haben, sollte der plot-Befehl ersetzt werden durch

```
plot(x,y(:,1))
```

Man beachte, dass y eine Matrix mit den zwei Spalten (Lösungsfunktion, Ableitung der Lösungsfunktion) ist.[17]

Ein *Phasenportrait* kann nun auch leicht gezeichnet werden.[18] In Phasenportraits wird y' über y gezeichnet. Man ersetzt den plot-Befehl im script file durch

```
plot(y(:,1),y(:,2))
```

Dann erhält man Abbildung 3.18.

[17] Zur Syntax y(:,1) (Zugriff auf die erste Spalte) beachte man Kapitel 1.3.1.

[18] Interessierte Leser sollten ein Buch aus der Mathematik oder Ingenieursmathematik zum Thema Differentialgleichungen/Stabilität zur Hand nehmen, etwa Heuser[4] oder Meyberg-Vachenauer[5].

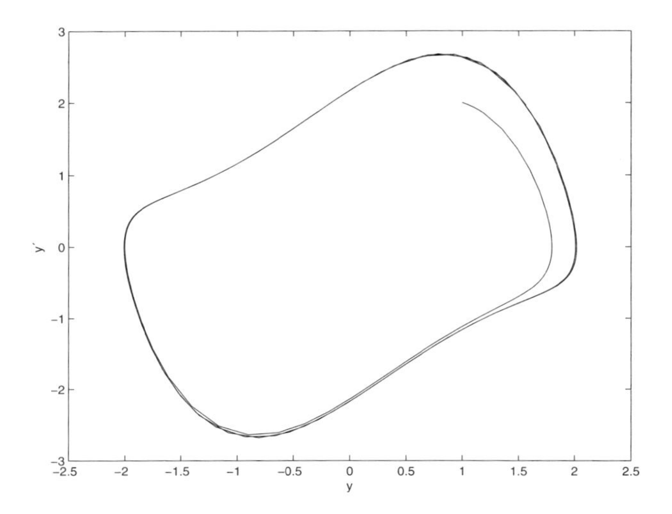

Abb. 3.18: *Phasenportrait zu* $y'' - (1 - y^2)y' + y = 0, y(0) = 1, y'(0) = 2$

Wer gerne ein Beispiel sehen möchte, dessen Lösung wohlbekannt ist, kann etwa die Schwingungs-Differentialgleichung $y'' + y = 0$ lösen mit $y(0) = 0$, $y'(0) = 1$. Die exakte Lösung lautet bekanntlich $y(x) = \sin x$.

Im script file müssen die Änderungen $y01 = 0$, $y02 = 1$, $xende = 2 * pi$ (etwa) durchgeführt werden. Im function file wird nur die letzte Zeile zu $yStrich = [y(2); -y(1)]$ geändert. Wird das function file unter neuem Namen gespeichert, so muss natürlich im script file im Befehl `ode45` dieser neue Name eingetragen werden.

Explizite Differentialgleichungen höherer Ordnung müssen in ein System von Differentialgleichungen erster Ordnung umgeschrieben werden. Die Änderungen im script und im function file sind nahe liegend.

Systeme von Differentialgleichungen

Systeme von Differentialgleichungen erster Ordnung können direkt mit dem Befehl `ode45` numerisch gelöst werden. Systeme von Differentialgleichungen höherer Ordnung müssen zunächst in Systeme von Differentialgleichungen erster Ordnung umgeschrieben werden.[19] Hier soll nun ein System von Differentialgleichungen erster Ordnung mit zwei Gleichungen gelöst werden. Wir lösen einen Spezialfall des Lotka-Volterra'schen Räuber-Beute-Modells[20]

$$\begin{aligned}\dot{x}_1 &= x_1(-\alpha_1 + \beta_1 x_2)\\ \dot{x}_2 &= x_2(+\alpha_2 + \beta_2 x_1)\end{aligned}$$

Hierin bezeichnet $x_1 = x_1(t)$ die Anzahl der Räuber zur Zeit t und $x_2 = x_2(t)$ die Anzahl der Beutetiere zum Zeitpunkt t. Die Anfangswerte seien $x_1(0) = 300$, $x_2(0) = 7000$. Für

[19] Heuser[4], Meyberg-Vachenauer[5]
[20] Heuser[4]

die Modell-Parameter wird die Wahl $\alpha_1 = 0.08$, $\alpha_2 = 1.0$, $\beta_1 = 0.00001$, $\beta_2 = 0.002$ getroffen.

Script und function file zur Lösung der Differentialgleichung zweiter Ordnung müssen nun angepasst werden. Das script file `DglSystemLoes.m` lautet

```
% Loesung eines Systems von Dgln
% Input:  System von Dgln
% Output: Fenster mit Phasenportrait
t0=0;
tende=30;
x01=300;
x02=7000;
[t,x]=ode45('DglSystem',[t0,tende],[x01,x02]);
plot(x(:,1),x(:,2))
xlabel('Raubtiere')
ylabel('Beutetiere')
```

Das function file `DglSystem.m` lautet

```
% Definition System von Dgln
% Input:  Argumente t,x der Funktion
% Output: Funktionswert
function xPunkt=DglSystem(t,x)
xPunkt=zeros(2,1);
xPunkt=[x(1)*(-0.08+0.00001*x(2)); x(2)*(1.0-0.002*x(1))];
```

Führt man das script file aus, so wird das Phasenportrait (Abbildung 3.19) gezeichnet.

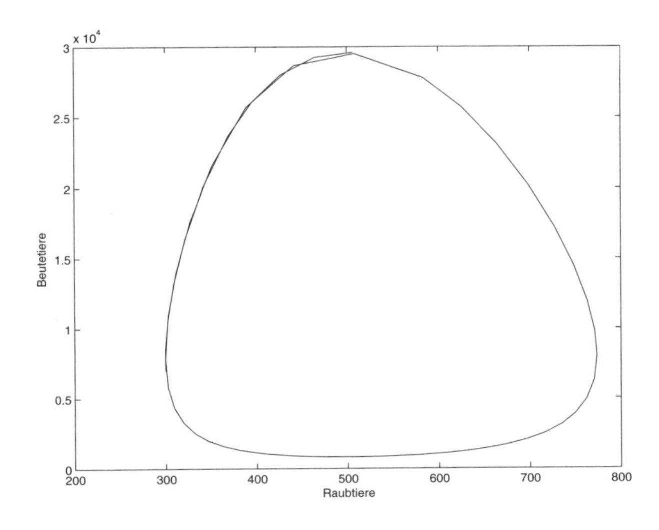

Abb. 3.19: *Phasenportrait zum Räuber-Beute-Modell*

Das Phasenportrait ist, wie man aus der Theorie weiß, eine geschlossene Kurve. Betrachtet man obiges Phasenportrait jedoch genauer, so sieht man im oberen linken

Teil, dass wohl zwei Kurven gezeichnet werden. Dies liegt daran, dass die numerische Integration zu ungenau durchgeführt wurde. Ersetzt man den Befehl `ode45` im script file durch

```
[t,x]=ode45('DglSystem',[t0,tende],[x01,x02],odeset('RelTol',1e-6));
```

so entsteht ein korrektes Phasenportrait. Im optionalen Teil `odeset` des Befehls `ode45` wird eine höhere Genauigkeit gefordert. Man entnimmt dem Typ der Matrix `x`, dass die Anzahl der Integrationsschritte mit dem optionalen Zusatz deutlich größer ist.

3.3 Kontrollstrukturen

Kontrollstrukturen werden bewusst ganz am Ende behandelt. Kenner anderer Programmiersprachen werden so beim Lesen der anderen Abschnitte nicht durch fortwährende Erklärungen zu den Befehlen `if, for, while, ...` gestört. Weiterhin sind so alle Erläuterungen zum Thema zusammengefasst. Dennoch sei darauf verwiesen, dass beim Vergleichen von Matrizen (in MATLAB erlaubt) große Umsicht beim Programmieren verlangt wird.

3.3.1 Konditionale Verzweigungen

Die einfachste konditionale Verzweigung lautet

`if` *Bedingung, Anweisungsteil* `end`

Dabei ist der *Anweisungsteil* eine Folge von Anweisungen, etwa

Anweisungsteil:=Anweisung;Anweisung;...Anweisung;

Anweisung kann auch mit Komma, statt Strichpunkt abgeschlossen werden. Dann werden die Ergebnisse der Anweisung im MATLAB Command Window ausgegeben. Der Anweisungsteil wird nur ausgeführt, wenn die Bedingung wahr (true) ist. Eine weitere konditionale Verzweigung lautet

`if` *Bedingung, Anweisungsteil1* `else` *Anweisungsteil2* `end`

Ist die Bedingung wahr, wird Anweisungsteil1 ausgeführt (der `if`-Zweig) anderenfalls Anweisungsteil2 (der `else`-Zweig). Anweisungsteil1 kann leer sein.

Zur Formulierung von Bedingungen stehen folgende Vergleichsoperatoren zur Verfügung

Zeichen	Klartext
<	kleiner als
>	größer als
<=	kleiner oder gleich
>=	größer oder gleich
==	gleich
~=	ungleich

Man unterscheide = für Zuweisung und == für Vergleich. Bedingungen sind oft verknüpft oder quantifiziert mit logischen Operatoren

Operator	Klartext
&	und
|	oder
~	nicht

In MATLAB hat eine richtige Bedingung den Wert 1, eine falsche Bedingung den Wert 0. Hier einige Beispiele

```
>> 2 == 1                     >> richtig = 2 >= 1
ans =                         richtig =
  0                             1
```

Das Ergebnis des Vergleichs 2 >= 1, also 1, wird der Variable `richtig` zugewiesen. Ein Vergleich mit Zeichenketten zeigt, dass zeichenweise logisch verknüpft wird, und dass Groß- und Kleinschreibung zu unterscheiden sind

```
>> 'st' == 'st'               >> gemischt = 'Stu' == 'stx'
ans =                         gemischt =
      1  1                                 0  1  0
```

Weiter gilt

```
>> 1 <= 2 & 'st' == 'st'      >> g = 1 > 2 | 'Stu' == 'stx'
ans =                         g =
      1  1                         0  1  0
```

Eine Erläuterung zum letzten Beispiel sei hinzugefügt. `'Stu'=='stx'` liefert als Ergebnis [0 1 0]. 1 > 2 liefert als Ergebnis zunächst 0. Um die oder-Verknüpfung durchführen zu können, wird diese Null auf [0 0 0] aufgebläht und dann komponentenweise die oder-Verknüpfung durchgeführt, die [0 1 0] liefert. Der versuchte Vergleich

```
>> 'rt' == 'Rt' & 'Stu' == 'stx'
```

wird (wie nicht anders zu erwarten) mit einer Fehlermeldung beantwortet.

Es schließt sich nun natürlich sofort die Frage an, wie in einer konditionalen Verzweigung die Bedingung bei Matrizen verstanden wird. Der `if`-Zweig wird durchlaufen, wenn alle Elemente der Vergleichsmatrix 1 sind. Der `else`-Zweig wird durchlaufen, wenn nicht alle Elemente der Vergleichsmatrix 1, also wenigstens ein Element der Vergleichsmatrix Null ist. So liefert etwa die Eingabe

```
>> if [1,2] == [1,2], x = 1, else x = 2, end
```

die Antwort

```
x =
  1
```

wohingegen

```
>> if [1,1] == [1,2], x = 1, else x = 2, end
```

die Antwort

```
x =
  2
```

liefert. Man beachte, dass

```
>> if [1,1] ~= [1,2], x = 1, else x = 2, end
```

auch die Antwort

```
x =
  2
```

liefert, also der `else`-Zweig durchlaufen wird. (`[1,1]~=[1,2]` liefert die logische Matrix [0 1], und wahr ist die Bedingung nur, wenn alle Elemente der logischen Matrix 1 sind.)

Nun können die im Programm `GeoMittelBerechnenNeu.m` aus Kapitel 3.2.1 verwendeten konditionalen Verzweigungen erläutert werden. Der Befehl

```
if (imag(a)==0)
else
   error('Matrix a enthaelt komplexe Elemente'),
end
```

hat nun folgende Konsequenz. Hat die Matrix `a` nur reelle Elemente, so enthält die logische Matrix zum Vergleich `(imag(a)==0)` nur Einsen[21]. Es wird also der `if`-Zweig durchlaufen und dieser besteht aus einer leeren Anweisung. Ist wenigstens ein Element der Matrix `a` nicht reell (also echt komplex), so enthält die logische Matrix zum Vergleich `(imag(a)==0)` wenigstens eine Null. Es wird also der `else`-Zweig durchlaufen und dieser veranlasst das Programm zur Beendigung mit Fehlermeldung. Der Befehl

```
if (imag(a)~=0)
   error('Matrix a enthaelt komplexe Elemente'),
end
```

[21] `imag` wirkt komponentenweise (⟶ Kapitel 2.1.1).

hingegen wirkt wie folgt. Hat die Matrix `a` nur echt komplexe (also keine reellen) Elemente, so enthält die logische Matrix zum Vergleich `(imag(a)~=0)` nur Einsen. Es wird also der `if`-Zweig durchlaufen, mit dem das Programm beendet wird. Ist wenigstens ein Element der Matrix `a` reell, so enthält die logische Matrix zum Vergleich `(imag(a)~=0)` wenigstens eine Null. Der Befehl hat dann keine Auswirkungen. Dieser Befehl wäre aber nicht der im Programm erwünschte Befehl, denn das Programm soll bereits beendet werden, wenn ein Element echt komplex ist.

Schließlich noch zum Befehl `any`. Er wirkt vektorweise (⟶ Kapiel 2.1.2), daher kommt any zweimal vor. Ist `a` eine Matrix beliebigen Typs mit reellen Elementen so liefert

```
any(any(a<0))
```

als Antwort 1, falls wenigstens ein Element der Matrix `a` negativ ist und die Antwort 0, wenn alle Elemente nicht negativ sind.[22]

Noch ein Wort zum `error('...')`-Befehl. Trifft ein Programm auf einen solchen Befehl, so wird dem Nutzer im MATLAB Command Window die Zeichenkette ausgegeben, die dem `error`-Befehl (in Hochkomma) angehängt wird. Anschließend wird das Programm beendet.

Für weitere konditionale Verzweigungen, wie die Verwendung von `elseif` oder `switch ...case` sei auf die Fragezeichenhilfe verwiesen.

3.3.2 Schleifen

Ist die Anzahl der Schleifendurchläufe bekannt, kann man mit

`for` *Laufanweisung, Anweisungsteil* `end`

arbeiten. Der Anweisungsteil wurde schon im vorangegangenen Abschnitt besprochen. Eine *Laufanweisung* hat die Struktur

Laufvariable=Anfangswert [: Schrittweite] : Endwert

Der Teil in eckigen Klammern ist optional, darf also weggelassen werden. In diesem Fall ist die Schrittweite eins. Auch negative Schrittweiten sind zugelassen. Man beachte, dass nach Beendigung der Schleife die Laufvariable den zuletzt angenommenen Wert hat. Die Laufvariable steht also auch außerhalb der Schleife zur Verfügung. Ein dabei auftretender unangenehmer Nebeneffekt wurde bereits in Kapitel 1.4.3 besprochen. Es sei daran erinnert, möglichst auf die Bezeichnungen i und j für Laufvariable zu verzichten.

Häufig kann in MATLAB auf die Verwendung einer `for`-Schleife verzichtet werden. Beispiele tauchten bereits auf (etwa in Kapitel 2.3). Wir fügen noch eines hinzu. Zufalls-

[22] Die Wirkungsweise eines einfachen `any`-Befehls möge der Leser mit einem eigenen Beispiel testen. Der Vergleich wird spaltenweise durchgeführt.

zahlen sollen addiert werden. Mit

```
>> n = 1000;
>> a = rand(1, n);
```

wird ein Vektor mit `n` Zufallszahlen erzeugt. Die Zahlen sollen addiert werden. Mit einer `for`-Schleife lauten die Befehle etwa wie folgt [23]

```
>> s = 0;
>> for k = 1 : n, s = s + a(k); end
>> s
```

Schneller und übersichtlicher geht es mit

```
>> s = sum(a)
```

Hat man etwa eine Doppelsumme zu berechnen mit Elementen in einer Matrix `A`, so kann man statt einer doppelten `for`-Schleife auch den Befehl `sum(sum(A))` ausführen. Dies macht ein Programm kurz und gut lesbar.

Einen weiteren Vorteil bietet die Programmierung mit `sum`. Misst man etwa die Zeit, die zur Berechnung obiger Additionen notwendig ist – MATLAB stellt hier etwa die Funktionen `tic` und `toc` zur Verfügung – so stellt man fest, dass das Programm mit `sum` viel schneller ist. Man vergleiche etwa [24]

```
>> tic; s = 0; for k = 1 : n, s = s + a(k); end; s; toc
```

mit

```
>> tic; s = sum(a); toc
```

Es sei hinzugefügt, dass `tic` eine Stoppuhr auf Null stellt und startet, `toc` die Stoppuhr anhält und die Zeit (in Sekunden) ausgibt.

Wird die Anzahl der Schleifendurchläufe erst innerhalb des Programms bestimmt, so kann man mit

`while` *Bedingung, Anweisungsteil* `end`

arbeiten. Solange die Bedingung, die in der Regel im Anweisungsteil neu bestimmt wird, erfüllt ist, wird der Anweisungsteil ausgeführt. Ist die Bedingung falsch, wird der anschließende Anweisungsteil übergangen und das Programm nach `end` fortgesetzt. Ein größeres Beispiel findet man in Kapitel 3.2.2.

[23] Man verwende für eine Variable, hinter der sich eine Summe verbirgt, nicht die Bezeichnung `sum`; `sum` ist eine vordefinierte Funktion in MATLAB.
Die Indizierung bei Vektoren in MATLAB beginnt bei 1.

[24] Zweckmäßigerweise erhöht man zunächst die Zahl n.
In Multiusersystemen kann eine mehrmalige Ausführung von ein und demselben Programm zu verschiedenen Laufzeiten führen.

4 Zusammenfassung

Zusammenfassung oft verwendeter MATLAB-Befehle nach Themen[1]

MATLAB-Arbeitsspeicher

Befehl	Klartext
`who`	listet verwendete Variable auf
`whos`	listet verwendete Variable auf, ausführlich
`workspace`	aktiviert den Workspace
`clear`	löscht Variable und Funktionen
`load`	lädt gespeicherte Daten
`save`	speichert Daten
`quit`	beendet die MATLAB-Sitzung

Command Window-Kontrolle

Befehl	Klartext
`diary`	speichert Eingaben einer MATLAB-Sitzung
`format`	legt das Ausgabeformat fest
`beep`	erzeugt einen Piepton

Arithmetische Operatoren

Zeichen	Klartext
+	Matrizenaddition; Polynomaddition
*	(Matrizen) multiplizieren
.*	Matrizen komponentenweise multiplizieren
\	Linksdivision von Matrizen
.\	komponentenweise Linksdivision (bei Matrizen)
/	Rechtsdivision von Matrizen
./	komponentenweise Rechtsdivision (bei Matrizen)
∧	(Matrizen) potenzieren
.∧	Matrizen komponentenweise potenzieren

[1] Eine vollständige Darstellung findet man mit ≫`help`, ≫`help general`, ≫`help ops`, ...

Vergleichsoperatoren

Zeichen	Klartext
==	gleich
~=	nicht gleich
<	kleiner als
>	größer als
<=	kleiner oder gleich
>=	größer oder gleich

Logische Operatoren

Zeichen/Befehl	Klartext
&	logisches und
|	logisches oder
~	logisches nicht
`xor`	exklusives oder, siehe Fragezeichenhilfe
`any`	siehe Fragezeichenhilfe oder Kapitel 3.3.1
`all`	siehe Fragezeichenhilfe

Meldungen im Command Window

Befehl	Klartext
`error`	Fehlermeldung und Beenden der Funktion
`warning`	Warnung, ohne die Funktion zu beenden
`disp`	Meldung
`fprintf`	siehe Fragezeichenhilfe
`sprintf`	siehe Fragezeichenhilfe

Elementare Matrizen

Befehl	Klartext
`zeros`	Nullmatrix
`ones`	Einsmatrix
`eye`	Einheitsmatrix
`rand`	Zufallsmatrix, gleichverteilte Zahlen
`randn`	Zufallszahlen, normalverteilte Zahlen
`linspace`	Vektor mit äquidistant verteilten Elementen
`logspace`	Vektor mit logarithmisch verteilten Elementen

Grundlegende Informationen über Matrizen

Befehl	Klartext
`size`	Typ einer Matrix
`length`	Anzahl der Elemente eines Vektors

Spezielle Variable und Konstanten

Befehl	Klartext
`ans`	zuletzt gegebene Antwort
`eps`	Abstand von 1 zur nächstgrößeren darstellbaren Zahl
`realmax`	größtmögliche darstellbare Zahl
`realmin`	kleinstmögliche positive darstellbare Zahl
`pi`	3.1415926535897....
`i, j`	imaginäre Einheit
`Inf`	unendlich
`NaN`	keine Zahl

Trigonometrische Funktionen

Befehl	Klartext
`sin`	Sinus
`sinh`	Sinushyperbolicus
`asin`	Arcussinus
`asinh`	Areasinus
`cos`	Cosinus
`cosh`	Cosinushyperbolicus
`acos`	Arcuscosinus
`acosh`	Areacosinus
`tan`	Tangens
`tanh`	Tangenshyperbolicus
`atan`	Arcustangens
`atan2`	Arcustangens für 4 Quadranten
`atanh`	Areatangens
`cot`	Cotangens
`coth`	Cotangenshyperbolicus
`acot`	Arcuscotangens
`acoth`	Areacotangens

Exponentialfunktionen und Logarithmen

Befehl	Klartext
`exp`	Exponentialfunktion zur Basis e
`log`	Logarithmus naturalis (ln)
`log10`	Logarithmus zur Basis 10
`log2`	Logarithmus zur Basis 2

Funktionen bei komplexen Zahlen

Befehl	Klartext
`abs`	Betragsfunktion
`angle`	Winkelberechnung
`conj`	konjugiert komplexe Zahl
`imag`	Imaginärteil
`real`	Realteil
`unwrap`	beseitigt Phasensprünge

Runden und Reste

Befehl	Klartext
`fix`	rundet zur Null hin
`floor`	rundet nach unten
`ceil`	rundet nach oben
`round`	rundet zur nächsten ganzen Zahl
`mod`	vorzeichenbehafteter Rest nach Division
`rem`	Rest nach Division
`sign`	Vorzeichenfunktion

Funktionen bei Matrizen

Befehl	Klartext
`norm`	Norm
`rank`	Rang
`det`	Determinante
`trace`	Spur
`rref`	Gauss-Algorithmus
\	Linksdivision
/	Rechtsdivision
`inv`	Inverse
`cond`	Kondition
`pinv`	Pseudoinverse
`eig`	Eigenwerte (und Eigenvektoren)
`poly`	Charakteristisches Polynom

Datenanalysis

Befehl	Klartext
`max`	größtes Element
`min`	kleinstes Element
`mean`	Mittelwert
`median`	Median
`std`	Standardabweichung
`var`	Varianz
`sort`	sortieren (aufsteigend)
`sum`	Summe (spaltenweise)
`prod`	Produkt (spaltenweise)
`cumsum`	kumulative Summe
`cumprod`	kumulatives Produkt
`diff`	Differenzenbildung

Polynome und Interpolation

Befehl	Klartext
`roots`	Nullstellenbestimmung
`poly`	Polynom berechnen aus Nullstellen
`polyval`	Polynom auswerten
`residue`	Partialbruchzerlegung
`polyfit`	Interpolation oder Regression
`polyder`	Ableitung eines Polynoms
`conv`	Multiplikation
`deconv`	Division
`spline`	Spline

Funktionen zur numerischen Integration

Befehl	Klartext
`quad`	numerische Integration
`quadl`	numerische Integration
`ode45`	numerische Lösung von Differentialgleichungen

Graphiken (zweidimensional)

Befehl	Klartext
`plot`	Linearer Plot
`loglog`	logarithmischer Plot
`semilogx`	halblogarithmischer Plot
`semilogy`	halblogarithmischer Plot
`polar`	Plot in Polarkoordinaten
`axis`	Kontrolle der Achsen
`grid`	Gitterhilfslinien
`hold on`	weiter ins aktuelle Fenster
`hold off`	Fenster schließen
`legend`	Legende
`title`	Titel
`xlabel`	Beschriftung x-Achse
`ylabel`	Beschriftung y-Achse
`text`	Text positionieren
`gtext`	Text mit der Maus positionieren

Bibliography

[1] Benker, Hans: *Mathematik mit* MATLAB, Springer-Verlag, Berlin, (2000).

[2] Biran, Adrian / Breiner, Moshe: MATLAB *für Ingenieure*, Addison-Wesley, Bonn u.a., (1995).

[3] Hämmerlin, Günther / Hoffmann, Karl-Heinz: *Numerische Mathematik*, Springer-Verlag, Berlin u.a., (1984).

[4] Heuser, Harro: *Gewöhnliche Differentialgleichungen*, Teubner-Verlag, Stuttgart, (1989).

[5] Meyberg, Kurt / Vachenauer, Peter: *Höhere Mathematik, Band 1, Band 2*, Springer-Verlag, Berlin u.a., (1997).

[6] Papula, Lothar: *Mathematik für Ingenieure und Naturwissenschaftler, Band 1-3*, Vieweg-Verlag, Wiesbaden, (2001).

[7] Sigmon, Kermit: MATLAB *Primer*, CRC Press, Boca Raton u.a., (1994).

[8] Stoer, Josef: *Einführung in die Numerische Mathematik I*, Springer-Verlag, Berlin u.a., (1989).

[9] Stoer, Josef / Burlisch, Roland: *Einführung in die Numerische Mathematik II*, Springer-Verlag, Berlin u.a., (1990).

[10] Zurmühl, Rudolf / Falk, Sigurd: *Matrizen und ihre Anwendungen*, Springer-Verlag, Berlin u.a., (1984).

Index

% , 49, 64
& , 80
′ , 12, 19
∗ , 13, 18
+ , 13, 27
, , 10, 80
.′ , 12
.∗ , 15
.∧ , 15
./ , 16
: , 11, 17, 77, 83
; , 7, 10
= , 80
==, 80
@ , 69
\ , 37
∧ ,14
| , 80
∼, 80
∼=, 80

A

`abs`, 18, 23, 53, 56
Achsenbeschriftung, 49
Achsenskalierung, 52
`all`, 25
Amplitudengang, 56
Anfangswert, 74
`angle`, 18, 23, 53, 55
`ans`, 3
Anweisung, 80
`any`, 25, 67, **83**
arctan, 7
Argument, einer komplexen Zahl, 18
`atan`, 7 **18**
`atan2`, 18
Ausgabeformat, 19
Ausgleichsrechnung, 32
`axis`, 52

B

Balkendiagramm, 58
`bar`, 58
Bedingung, 80
benutzerfreundlich programmieren, 66
Betrag, einer komplexen Zahl, 18
Bezeichner, 8
Binärdarstellung, 40
Bodediagramm, 54

C

`case`, 83
charakteristisches Polynom, 26
`ceil`, 23
`clabel`, 59
`clear`, 9, 20
Command History, 2, 4
Command Window, 2, 4
`compass`, 53
`cond`, 26, 44
`conj`, 19
`contour`, 59
`conv`, 27
`cumsum`, 62
Current Directory, **2**, 8, 47, 63

D

Dateiname, 8, 47
`deconv`, 27
`det`, 13, 26
Determinante, 12, 26
Dezibel, 56
diagonalähnlich, 38
Diagonalmatrix, 38
`diary`, 8
`diff`, 55, 61

Differentialgleichung, 74
erster Ordnung, 74
Systeme, 78
zweiter Ordnung, 76
differenzieren, 61
direkte Hilfe, 5
direkter Modus, 6
`disp`, 62, 63
Doppelpunkt, 11
Doppelsumme, 84
dreidimensionale Bilder, 58
Dreiecksmatrix, 38

E

`eig`, 26, 38
Eigenvektor, 37
Eigenwert, 26, 37
Eingaben in MATLAB, 3
Eingangsgröße, 64
Funktion, 68
Einheitsmatrix, 11
Einsmatrix, 11
Elementare Funktionen, 7
bei Matrizen, 23
`elfun`, 7
`else`, 63, 67, **80**
`elseif`, 83
Endwert, 17
`eps`, 40
`error`, 14, 62, 66, 67, 70, **83**
Erweiterung .m, 8
Euler'sche Zahl, 8
`exp`, 7, 23
bei komplexen Zahlen, 18
Exponentialfunktion, 7, 23
exponentielle Regression, 34
`eye`, 11

F

Faltung, 27
Fehlermeldung, 14, 15
Fenster, 2
`feval`, 68
Figure-Fenster, 6, 17
`fix`, 23
`fliplr`, 26
`floor`, 23
`for`, 19, 42, **83**
`format compact`, 21
`format long`, 21, 44
`format loose`, 21
`format rat`, 44
`format short`, 21, 43
Fourierreihe, 72
Fragezeichenhilfe, 5
`function`, **63**, 67, 68
function file, 63
Aufruf, **65**, 68, 70, 73
Input, 64
Output, 64
function functions, 68
Funktion
als Eingangsgröße, 68
als Parameter, 68
elementare, 7
elementare bei Matrizen, 23
periodische, 72
trigonometrische, 7, 23
Wirkungsweise, 23
Funktionsaufruf, 8
Funktionsname, 64

G

Gauss-Algorithmus, 13, 26
geometrisches Mittel, 64
Gibbs'sches Phänomen, 72
Gitterhilfslinien, 49, 56
globale Variable, 21, 65
Graph, 49
Farbe, 50
`grid`, 49, 56
griechische Buchstaben, 49
`gtext`, 49

H

h1 line, 65
halblogarithmische Darstellung, 54
header line (h1 line), 65
`help`, **4**, 65
`hilb`, 45
Hilbertmatrix, 45

Hilfe, 4
direkte, 4, 5
Fragezeichen, 4, 5
Hochkomma, 12, 17
bei komplexen Zahlen, 19
Höhenlinie, 59
`hold on`, 30, 53
`hold off`, 30, 54
Hyperbel, 59

I

`i`, 18, 19
`if`, 62, 67, 70, **80**
`imag`, **18**, 23, 67, 82
imaginäre Einheit, 18
Imaginärteil, 18
Indizierung, 10
`Inf`, 24
Initialisierung, 70
Input, 64
`int2str`, 73
integrieren, 61
Interpolation, 30
`inv`, 13, 26
Iteration, 42

J

`j`, 18, 19

K

Kippspannung, 73
Komma, 10, 80
Kommentar, **49**, 65,
komplexe Zahlen, 18
algebraische Darstellung, 19
Exponentialdarstellung, 19
konjugiert komplex, 19
Kondition, 26, 44
Kontrollstrukturen, 80
kubische Regression, 34
Kurve
im Raum, 58
in Polarkoordinaten, 51
parametrisiert, 51

L

Länge eines Vektors, 17
Laufanweisung, 83
LaunchPad, 2
`legend`, 49, 61, 73
Legende, 49, 61, 73
`length`, 30, 61
lineare Regression, 33
lineares Gleichungssystem, 36, 43
script file, 62
Linestyle, 58
Lissajou-Figur, 51
ln, 7
`load`, 9
`log`, 7, 23
logarithmische Darstellung, 56
Logarithmus, 7, 23
`loglog`, 56
`logspace`, 55
lokale Variable, 21, 65
`lookfor`, 8, 65
Lotka-Volterra, 78

M

MATLAB, 10
beenden, 3
Eingaben, 3, 10
Fenster, 2
Funktion, 7
Oberfläche, **1** ,2
R2008a, 1
starten, 1
Version, 1
MATLAB-Pfad, 47
MATLAB-Prompt, 3
Matrix, 10
addieren, 13
dividieren, komponentenweise, 16
Eingabe, 10
Inverse, 12, 26
manipulieren, 11
multiplizieren, 13
multiplizieren, komponentenweise, 15
multiplizieren, mit einem Skalar, 14
potenzieren, 14
Rang einer, 13, 26, 36, 63
spezielle, 11

transponieren, 12
Typ, 12, 26
Vergleich, 63, **80**, 81
max, 25, 31
mean, 25
median, 25
mesh, 59
meshgrid, 59
min, 25, 31
Modus, 6
Direkter, 6
Taschenrechner-, 6

N

NaN, 24
nargin, 69, 71
norm, 17, 26
Nullmatrix, 11
Nullstellen, 29
numerische Integration, 42, 68, 71

O

Oberfläche, **1**, 2
ode45, 74
odeset, 80
ones, 11
Ortskurve, 52

P

Partialbruchzerlegung, 28
Partialsumme, 72
Phase, 18
Phasengang, 55
Phasenportrait, 77
pi, 21
pinv, 37, 63
plot, 17, 24, 30, 47, **49**, 52, 61
plot3, 59
plotyy, 58
polar, 51
Polarkoordinaten, 51
poly, 26, 29
polyder, 29
polyfit, 30, 33
Polynom, 26, 43
Addition, 27
Division, 27
Interpolation, 30
Multiplikation, 27
Nullstellen, 29
polyval, 28, 43
Potenzreihe, 42
Preferences, 21
prod, 25
Programm abbrechen, 7, 8, 17
programmieren, 47
Punktoperationen, 15
pwd, 8

Q

quad, 42, 69, 71
quadl, 71
quadratische Gleichung, 40

R

Räuber-Beute-Modell, 78
rand, 11, 83
Rang, 13, 26, 36, 63
rank, 13, 26, 36, 63
Raumkurve, 58
real, 18, 23
Realteil, 18
Regression, 32, 33
exponentielle, 34
kubische, 34
lineare, 33
Regressionsgerade, 33
Reihenschwingkreis, 52
Rekursion, 42
RelTol, 80
residue, 28
Residuum, 28
Rollkurve, 51
roots, 29, 41
round, 23
rref, 13, 26, 37
Rückgabegröße, 64
Runden, 23
Rundungsfehler, 39
Runge-Kutta-Verfahren, 74

S

Sattelfläche, 59
save, 9
Schleife, 83
Schlüsselwort, 64
Schrittweite, 17, **83**
Schur, 38
schur, 38
Schwingung, gleichfrequent, 52
script file, 47
semilogx, 55
semilogy, 54
sin, 5, 23, 47, 52
size, 12, 26, 62, 67, 73
Skalarprodukt, 17
solver, 74
sort, 25
Spalte, 10
Spaltenvektor, 16
Spirale, 51
Spline, 31
spline, 32
sqrt, 41, 64, 67
Startwert, 17
std, 25
Strg C, 7, 8, 17
Strichpunkt, 7, 10, 17
subplot, 56
sum, 25, **84**
sum(sum(.)), 84
switch, 83
Syntax, eines Befehls, 8

T

Taschenrechner-Modus, 6
text, 49
tic toc, 43, **84**
Titel, 49
title, 49
Toleranz, 71, 80
Trapezregel, 68
trigonometrische Funktionen, 7, 23
true, 80

U

Überschwingen, 72
Übertragungsfunktion, 55
unendliche Reihe, 43
unitär, 38
Unterprogramm, 63
unwrap, 55

V

van der Pol, 76
Variable
    globale, 21, 65
    lokale, 21, 65
Vektor, 16
    erzeugen, 17
    Länge, 17
Vereinbarungszeile, 64
Vergleich von Matrizen, 67, **80**, 81
Vergleichsoperatoren, 80
Vergrößerung, 74
Version, 1
Verzeichnis wechseln, 8
Verzweigung, 80

W

wahr, 80
warning, 24
while, **84**
wildcard, **11**, 77
Winkel, einer komplexen Zahl, 18
Workspace, 2, 3

X

xlabel, 49, 56, 58

Y

ylabel, 49, 56, 58

Z

Zahlenformate, 21
Zeigerdiagramm, 52
Zeile, 10
Zeilenvektor, 16
Zeitmessung, 43, 84
zeros, 11, 73
zlabel, 59
zoom in, 73
Zufallsmatrix, 11
Zuweisung, 10, 80